内向者优势

The Introvert Advantage

How to Thrive in an Extrovert World

◆

[美] 马蒂·奥尔森·兰妮 – 著
Marti Olsen Laney

隋雨亭　许常红 – 译

天地出版社 | TIANDI PRESS

图书在版编目（CIP）数据

内向者优势/（美）马蒂·奥尔森·兰妮著，隋雨亭，许常红译. — 成都：天地出版社，2019.9（2023年6月重印）
ISBN 978-7-5455-4797-9

Ⅰ.①内… Ⅱ.①马… ②隋… ③许… Ⅲ.①内倾性格—通俗读物 Ⅳ.①B848.6-49

中国版本图书馆CIP数据核字（2019）第067613号

First published in the United States under the title:
THE INTROVERT ADVANTAGE: How To Thrive In An Extrovert World
Copyright © 2002 by Marti Olsen Laney
Published by arrangement with Workman Publishing Co., Inc., New York.
ALL RIGHTS RESERVED
本书中文简体版权归属于东方巴别塔（北京）文化传媒有限公司

著作权登记号　图字：21-2019-032

NEIXIANGZHE YOUSHI
内向者优势

出 品 人　杨　政
作　　者　[美]马蒂·奥尔森·兰妮
译　　者　隋雨亭　许常红
责任编辑　余守斌　张月静
封面设计　今亮后声
内文排版　胡凤翼
责任印制　王学锋

出版发行　天地出版社
　　　　　（成都市锦江区三色路238号　邮政编码：610023）
　　　　　（北京市方庄芳群园3区3号　邮政编码：100078）
网　　址　http://www.tiandiph.com
电子邮箱　tianditg@163.com
经　　销　新华文轩出版传媒股份有限公司

印　　刷　天津光之彩印刷有限公司
版　　次　2019年9月第1版
印　　次　2023年6月第9次印刷
开　　本　880mm×1230mm　1/32
印　　张　12
字　　数　298千字
定　　价　59.00元
书　　号　ISBN 978-7-5455-4797-9

你得天独厚的潜能是通向幸福的道路

献 词

心怀感激却不表达，就如同包装好礼物却不送出去。

——威廉·A.沃德

谨以此书献给和我携手38年的丈夫迈克尔。他将我带到外向者的世界，拓宽了我的整个世界。感谢他在此书艰难而漫长的写作过程中，让我保持旺盛的活力。他花费了许多时间，一页页仔细阅读关于内向者的文字（这对于一个外向者来说是难以想象的），这足以让他赢得"最佳丈夫"大奖。最后，更要感谢他，在我枯坐电脑前，两眼发直、不停敲字的时候，他为我送上了一份份营养丰富的佳肴。

致我的女儿和女儿的家人，我深爱着他们，他们令我的生活如此丰富多彩。他们是提娜、布赖恩、艾丽西亚、克里斯托弗·德米利尔、克里斯汀、加里、凯特琳和艾米丽·帕克斯。

最后，我也要将这本书献给那些勇敢地允许我走进他们个人生活的来访者。

致 谢

感谢一生中遇到过的所有人。

——莫林·斯泰普尔顿

一本书的诞生需要许多"助产士"的帮助。我想谢谢我亲爱的朋友瓦莱丽·亨特，她未卜先知地预言我能写作。感谢西尔维亚·凯瑞，她帮我确认了我心中孕育着的一本即将出世的书，并给了我无以估价的反馈。感谢我的经纪人安德里亚·皮多尔斯基，她在选题报告中发现了成书的可能性，并在这场旷日持久的写作中，给予我持续的鼓励。感谢彼得·沃克曼和莎莉·科瓦利奇，他们早早意识到广大内向者们需要这样一本关于自己的书。感谢我的编辑们玛戈特·埃雷拉和凯蒂·罗斯，他们将我产自右脑的抽象潦草的笔稿整合起来，用富有逻辑的左脑语言，理清我纠缠的行文。感谢蒂亚·马吉尼，她能解读我散乱手稿上的各种箭头、勾画和晕开的墨迹，她简直有超能力。我还要衷心感谢沃克曼出版社的全体同仁！谢谢你们不懈的努力，直至本书成功地呈献给读者。

最后，我还要向在我写作过程中采访过的内向者们表示感谢！同时感谢所有勤勉的科学家和研究者们，是他们在自己的领域辛勤的奉献，帮助我们了解到人类的"单纯的复杂性"。

目 录
CONTENTS

序

悦纳自己是幸福的关键。

——伊拉斯谟

在成长过程中，我时常对自己感到疑惑。我的内心充满了令人困惑的矛盾，感觉自己就像鸭群中最奇怪的那只小鸭子。在小学一二年级时，我的成绩特别差，老师觉得我应该留级复读。然而到了三年级，我又成了班里的尖子生。有的时候我非常健谈，能做出明智又果断的评论。老实说，如果是一个熟知的话题，我能说到地老天荒。然而有时候，我想要在课堂上发言，我举起手——内心激动万分，因为这也许能拉高占总成绩 25% 的课堂参与分——但当我被点名发言的时候，想说的话又消失得无影无踪了。心中的提词器上漆黑一片！那时的我简直想爬到课桌底下。之后，我说话犹豫混乱、不清不楚，这与我平时相差甚远。老师环视教室，寻找下一个答题人，我千方百计地避免与他四目相接。我真的无法相信自己，我不知道自己会做出什么反应。

更令我困惑的是，当我确实将自己的想法表达出来时，人们往往会说我思路清晰、语言简练。而有时，同学们又觉得我像个智力有问题的人。其实我并不觉得自己特别傻，但也没觉得自己的思路特别清晰。

大脑的运作方式让我困惑不已。我弄不明白，为什么自己能在事件发生之后想出那么多评论。当我对之前发生的某件事给出自己的意见时，老师和同学们会有些生气，质问我为什么不早点开口。他们似乎觉得，我是有意不把想法和感受告诉他们。但我却觉得，自己的想法就像丢失的航空行李，总是迟一步才到达目的地。

随着不断长大，我越发觉得自己是一个怪人——沉默无言，心思深沉，不引人注意……事情往往是这样——我开了口，却没有人回应。但有人说出**同样**的话时，别人就会给出反馈。这让我觉得，我的说话方式一定有什么问题。有的时候，人们在听到我发言，或者读到我写的文字时，会显出震惊的表情。这种事发生了太多次，我已经非常熟悉这种表情了。这种表情好像是在说："写出这话的居然是**你**？"对此，我的内心五味杂陈。因为一方面我喜欢人们给我的反馈，另一方面也难以承受人们的注视。

我对社交也感到迷茫。我喜欢和人们相处，人们似乎也喜欢我的参与，但我总是对出门这件事充满恐惧。我会反反复复斟酌是否应该参加聚会或公开活动。结论是，我是一个社交胆小鬼。有时我觉得尴尬不舒服，有时又觉得情况没那么糟糕。即使在活动上很高兴，我也总是瞅着出口的门，脑子里幻想自己身穿睡衣在床上蜷成一团……

另一个使我痛苦和沮丧的根源是精力不足。我通常很短时间就会觉得疲倦。和家人、朋友比起来，我显得十分虚弱。在我感到累的时候，走路慢，吃饭慢，讲话也慢……这时，我的语句会充满令人痛苦不堪的停顿。另一方面，如果休息得好，我会连珠炮似的与人聊天，并且在不同的想法间跳跃，以至于谈话对象觉得像被电击了一般。老实说，有些人以为我精力旺盛得不得了。相信我，我以前不是，现在也不是。

　　即便步调如此缓慢，我仍然一路跋涉，直到完成了人生的大半目标。我花了许多年才发现，自己身上那些令人不解的矛盾，事实上都有道理可循——我是一个普通的内向者。明白了这一点，我真是如释重负！

前　言

没有富有创意的少数派，民主绝无存活的可能。

——哈伦·F. 斯通

还记得小时候比较看肚脐眼吗？肚脐眼向外凸起就代表"外向"，向内凹陷就代表"内向"。那会儿"内"要好过"外"，因为没人想要**外凸**的肚脐。我也很高兴自己的肚脐眼是向内凹的。

后来，当"内"开始指代"内向者"，"外"指代"外向者"的时候，一切都反过来了。外向意味美好的一面，内向意味问题一堆。不论多么努力，我就是没办法获得外向人的特征，这使我觉得自己可能有点问题。关于自己，我有许多不明白的地方。为什么在别人兴奋激动的场合，我却感到不知所措？为什么在参加完社交活动后，我总觉得自己快要窒息了？为什么我总感觉自己像一条离水之鱼？

我们的社会为何推崇外向性格？

我们的文化看重并鼓励外向者的各类特质。我们看重行动、速度、竞争和动力。

内向性格受排斥没什么好奇怪的。我们的文化对于内省和独处有一种负面的看法。"出来闯"和"干就对了"才是理想。在《追寻幸福》（*The Pursuit of Happiness*）一书中，社会心理学家戴维·G.迈尔斯认为，幸福的关键在于拥有三种特质：自尊、乐观、外向。迈尔斯基于一些"证明"外向者更快乐的实验得到了这样的结论。这些研究要求参与者对一些陈述表示同意或反对，例如"我喜欢和他人在一起""我的陪伴让人们快乐"。内向者对幸福有着不同的看法，于是人们就觉得他们不幸福。对于他们来说，"我了解自己"、"我对自己当前的状态感到舒适"或"我能自由选择前进的道路"才是个人满足的衡量标准。但研究者们并没有询问内向者对这种陈述的态度。实验设计者肯定是外向者。

如果外向性格被视为人格健康发展理所当然的结果，那么内向者就必然会成为"令人担忧的他者"。

奥托·克劳格和珍妮特·M.苏森是两位心理咨询师，他们使用的是迈尔斯布里格斯类型指标。他们在《赢在性格》（*Type Talk at Work*）一书中讨论了内向者的困境："内向者在人群中占少数，四个人中只有一个是内向者。于是，他们必须额外锻炼一些适应外界的技巧，因为生活中存在的种种压力，逼迫他们像其他人一样生活。每天一睁眼，内向者就要被迫面对和适应外界的压力。"

我认为，生活的赛场需要公平一些。以前，一切积极的评价都给了外向者，是时候让内向者认识自己的独特和珍贵了。我们无须为了努力适应世界而"矫正"自己的行为。本书的目标就是帮助我们做到这一点。在本书中，你将学会三件最基本的事：①如何判断自己是否是内向者（你也许会感到惊讶）；②如何了解并欣赏自己身为内向者的优势；③如何用数不清的小建议和工具来激发你珍贵的潜能。

我没有病，只是内向而已

发现独处并不孤独，这是多么惊喜呀！

——艾伦·伯斯汀

30 多岁的时候，我从童书阅读馆图书管理员的工作转行成为了一名心理治疗师（你可能也注意到了，这是两种内向型工作，同时对社交能力也有要求）。虽然从很多方面看，我都觉得阅读馆的工作挺好，但也希望能够在更加个人的层面上与人们进行交流。对我来说，促进他人的成长发展会获得更高的幸福感，这是让我感到满足的人生目标。读研的时候，我重新认识了内向性，这是一种独立的性格或气质。作为课程作业的一部分，我做了几种人格测试，其中数个结果都表明我是个内向者。那时我感到十分惊讶！教授讨论测试结果的时候，他解释道，内向和外向处于能量连续体的相反的两端，我们在连续体上的位置预示着我们获得生活能量的方式：落在连续体较内向一端的人从内在汲取能量，落在较外向一端的人则从外界汲取能量。差异表现在我们所做的每件事情上。教授强调了两种气质各自的积极面，并明确告诉我两者都很好——只是它们有一些不同罢了。

"能量需求不同"这一概念在我心中引起了共鸣。我需要通过独处来恢复能量，并逐渐理解自己的这一需求。当我希望暂时离开孩子们一会儿、稍稍休息一下时，我不再像以前那样觉得愧疚了。我终于意识到我没有病，只是性格内向而已。

逐渐了解内向者的优势和弱点后，我就不再像以前那样羞愧了。当我知道外向者和内向者的比例为 3 : 1 的时候，我意识到我们生活的世界是由外向者构造出来的。怪不得我觉得自己像是一条离开水的鱼呢！原来我生活在外向者的海洋中！

我也开始明白自己为什么讨厌开大会。当年实习的时候，每周三晚上都要在咨询中心开会。我明白了自己为什么在小组会中几乎不发言，为什么屋子里的人一多起来，我的脑子就像封住了似的。

在一个为外向者设计的世界里，内向者会在生活的方方面面受到影响。心理分析学家卡尔·G. 荣格发展了内向性和外向性的理论，认为我们总是被相反的类型吸引，因为这样有助于强化自我，完善人格中缺失的部分。他认为，内向性和外向性就像两种化学物质：结合之后，两者都会被对方转变。他认为这是人类内心的天性，这种天性能帮助我们欣赏他人身上与自己互补的品质。未必人人都是这种情况，但是对于我 38 年的婚姻来说，这真是千真万确。我的丈夫迈克尔并不理解我的内向性格，而我也不理解他的外向性格。我还记得新婚后去拉斯维加斯时的情景。我在赌场前愣住了，大脑一片混沌……赢家的硬币滚落到金属筐时发出的"当啷"声在我的脑子里轰然作响。我不停地问着迈克尔："电梯有多远？"（拉斯维加斯的赌场有这样一个小伎俩，设计者把路设计成迷宫的样子，在通往绿洲般静谧的客房的路上，你不得不经过闪着金属光泽的机器，穿过香烟的迷雾才能抵达电梯）。

我的丈夫，一名外向者，已经做好了大玩特玩的准备。他激动得脸颊发红，眼睛里闪着期待的光芒，里面的噪声和躁动都让他兴奋不已。他完全不明白我为什么想要回到酒店客房。我脸色发绿，觉得自己像一条半死的鳟鱼，被扔在鱼市的冰床上，但鱼至少还能躺着。

当我从小憩中醒来时，身边是迈克尔赢来的整整两百美元。显然，外向者拥有各种各样的魅力和好运。对于我们这些内向者来说，他们能很好地平衡我们的生活。他们能帮我们走出自己的生活，我们则会帮助他们放缓脚步。

我为什么写这本书？

融入多彩的生活中，让天性为你引路。

——威廉·华兹华斯

一天下午，茱莉亚正在跟我做头脑风暴，讨论如何应对即将举行的培训会。她是我的来访者，拥有内向型性格。"我怕得要死！"她告诉我。我们制订了几项策略来帮她成功完成这项任务。当站起来准备离开的时候，她低下头，坚定地看着我的眼睛说："你知道的，我还是很讨厌应酬。"她这样说，就好像我指望她成为交际花似的。"我明白，"我回答道，"我自己也讨厌应酬。"我们相互了然地叹了口气。

我关上房门，脑海中浮现出我与内向性格特质之间的种种搏斗。我回想起这几年接触过的所有内向型访客的面容。我思考一个人在内向-外向连续体上的位置是如何影响生活的方方面面的。有的时候，来访者说不喜欢自己身上的某些特质，并为此感到自责。我就会想：天哪！我真希望他们能认识到自己没有病，只是性格内向而已。

还记得我第一次壮着胆子对来访者说："我觉得你是个内向者。"当时她惊讶地睁大了眼睛。"你怎么会这么想？"她说。于是我解释道，内向是人与生俱来的特质之一，这和讨厌与人共处甚至容易害羞之间没有什么关系。她这才看起来如释重负。"你是说，我之所以这样是有原因的？"她问道。这样不自知的内向者真是太多了，多到令人惊讶！

当和其他治疗师讨论内向型性格时，我惊讶地发现，他们中的许多人并不了解最初的内向型性格理论。他们将内向型性格看作是病理现象，而非个人气质。"内向型性格"是我心理分析学位的论文主题。当我把论文主题递交给学院的时候，同事们的评论让我激动不已。"现在我已经开始用内向-外向连续体的观点来分析来访者了"，其中一位同事说："这种思路对我帮助很大，我不再一味地病理化那些内向型性格来访者了。我发现之前我一直用外向者的视角去看待他们。"

我很清楚解除身为内向者的耻辱感会带来怎样的影响。不再努力扮演不是自己的角色，这真是让人如释重负！想到这些，我就意识到自己应该写一本书，帮助人们更多地了解内向型性格。

我是如何写这本书的？

沉默的人往往拥有深刻的洞察力。溪浅声喧，静水流深。

——詹姆斯·罗杰斯

对于许多内向者来说，除非对一个主题几乎到了无所不知的程度，否则他们总会觉得还不够了解这个主题。我对于内向性的研究也是如此。原因有三。第一，内向者想象任何主题的内容都应包罗万象；第二，他们经历过大脑仿佛被堵住的尴尬时刻，为了避免重蹈覆辙，就会过度准备，试图把能获得的信息全找来；第三，他们往往不会把思想形诸文字，也就不能通过这些文字来了解自身知识的掌握程度。

虽然多年从事与内向者相关的工作，对这一话题有过深入研究，但我还是希望知道内向者大脑的生理基因层面的最新研究成果。作为一名前图书管理员，我的第一步就是探索加州大学洛杉矶分校的生物医学图书馆。当我将"内向性"输入搜索栏的时候，我惊讶地发现在人格、气质、神经生理学和遗传学领域有 2000 多篇文献，多数来自欧洲。欧洲人倾向于将内向性视为先天的气质。在本书第三章，我会谈谈其中一些研究成果，它们从遗传学和生理特性的角度对内向性做出了解释。

第二步是上网，我想不少内向者大概更喜欢通过网络和别人交流。我找到了好几百个关于内向性的网站。许多网站都有迈尔斯布里格斯类型指标的链接。这是一种流传甚广的人格测验，基于气质的四个方面对受测者的人格特征做出判断。这个量表的第一个方面是内向-外向连续体，它在统计学上的可靠性也最高。这个量表基于荣格的原始理论，由伊莎贝尔·迈尔斯和凯瑟琳·C. 布里格斯开发。最值得称道的一点是，它没有病理化任何一种人格类型。相反，它关注的是人格类型之间的内在不同。因为内向性和智力之间的正相关性，在一些网站上，内向性与天赋相联系（讲个趣事：有个摇滚乐队的名字就叫"内向者"，其表演日程在网上都能找到）。

图书馆和网络搜索都非常有用，也给我带来了许多启发，然而，我对于内向性的了解更多还是来自亲身的经历、来访者的经历和我约谈的50 多个人的经历，他们来自各行各业，有作家、牧师、心理治疗师、历史学家、教师、艺术家、大学生、学者、计算机专家等。其中有一些被访者接受过迈尔斯布里格斯类型指标测验，他们已经知道自己是内向者。

我在挑选约谈者的时候并没有设定职业方面的标准，但他们还是有相当数量的人属于伊莱恩·阿伦所说的"顾问类型"——他们独立工作，与选择决策打交道，必须学会从他人的视角来看问题，与他人进行交流。这些岗位需要创意、想象力、智力和缜密的思考。他们是观察者。他们的工作往往会对许许多多人产生影响，而且他们拥有提出少数派意见的勇气和洞察力。在著作《敏感的人》（*The Highly Sensitive Person*）中，伊莱恩·阿伦写道："另一种类型是战士，他们是执行者。他们需要顾问的建议，而顾问需要战士的行动来推动。"许多理论学家认为，这恰恰解释了为什么内向者只占人群总数的 25%，我们需要的内向者人数比外向者少一些。

在采访过程中，我常常听到内向者为内向的特质而责备自己，尤其在他们还不知道自己是内向者的时候。他们因人们对自己的漠视冷淡而感到困惑。我清楚内向者喜欢静心细想自己的经验，于是访谈几周后，才打了随访电话，问约谈者是否有什么新的想法。

我惊喜地发现，谈话结束后，许多约谈者更能够接受**自己的本质**了。"我了解到我的大脑构造与众不同，我生活在外向者组成的海洋中，这让我更能平静地接纳自己了。"他们中的许多人这样说道。当自我的格格不入有了科学研究做支撑，内心深处的罪恶感和羞耻感便会极大地减轻，其他人对我们建立起来的负面评价也减轻了。这样的经验成为我将此书付梓的更大动力。

这本书主要是为内向者写的。我希望内向者能够明白，他们有时令人感到迷惑的性格气质背后是有原因的，而且是宝贵的原因。我想让他们知道，他们并不孤单。

即便是如此，外向者也应该读读这本书，原因主要有二：第一，他们会更了解生活中神秘莫测的内向者；第二，外向者——尤其是人到中年时——需要更多地停下脚步来自省，以减缓逐渐老去所带来的生理机能的下降。

用你的方式阅读

没有一件家具像书一样迷人。

——西尼·史密斯

因为内向者时常觉得自己有问题，所以他们总是试图找到"正确的"生活方式。即便生活在外向者的世界里，所谓"正确的方式"对于内向者来说也并不总是正确的。因此，一字不漏地看完此书，或只浏览自己喜欢的章节，这两种阅读方法都没什么问题。学会将新的信息分解为容易消化的小部分，这样做能有效地避免信息过载带来的手足无措。我所说的"无措感"是指一种**过量感**，就像一辆挂着高挡位却低速行驶的车，让人没法接受任何新的信息。

在我的设计中，这本书是由许多小块信息组成的。你可以逐个章节阅读，也可以把书打开，随便找一节来读。就我个人的偏好，我喜欢从书的结尾读起。这个习惯让我的一些朋友们深感惊讶。总而言之，用你觉得最恰当、最有帮助的方式阅读吧！记住，书的目的是为你的生活提供帮助!

如果你觉得某个章节的内容很重要，那太棒了！如果它看起来没那么有用，那也没关系。本书只是一个工具，协助你了解自己和你所认识的内向者。"玩耍"意味着为新事物的产生建立一个空间。而这本书就像生活一样，应该是你玩耍的对象。

一旦你理解了自己（或者亲近的人）的内向性，这会给你带来极大的解脱。原来是**这样**！你并不是怪人，无可救药，孤苦伶仃。即使是外向者的海洋，这个世界也会有内向者的鱼群。

这本书将会帮助你学会如何给自己补充能量。你可以为应对每日生活设计一个计划——这对外向者未必有效，对内向者却非常适用。现在，为你的内向者优势感到高兴吧！

思考要点

- ■ 世界上 75% 的人都是外向者。
- ■ 内向性对生活的方方面面都会产生影响。
- ■ 内向不是病。
- ■ 内向者常常感到精疲力竭，过度应激。
- ■ 身为内向者是值得高兴的事。

第一部分　离了水的鱼

我就是我。

——大力水手

第一章 | 何为内向者？你是内向者吗？

> 例外可以证明规律。
>
> ——谚语

内向性是一种气质。它不同于害羞或孤僻的性格特征，也不是病理性的，更不是你能够改变的。但你还是能够学会与它**共处**，而不是和它**对抗**。

内向者最具辨别度的特征是能量来源：内向者的能量来自**内心**的想法、情感和观念。他们是能量的贮存者。外在世界轻易就能让他们感到过度应激，甚至被"过量感"压迫到窒息。这种感觉有时类似于焦躁感或者麻木感。不论是哪一种，内向者都要限制自己的社交活动，避免能量被榨干。然而，内向者也需要平衡独处时间和社交时间，否则在思维视角和人际关系上就要蒙受损失。懂得平衡能量的内向者拥有独立思考的毅力和能力，能够深入思考，并富有创造性地工作。

外向者最明显的特征是什么呢？他们被**外部**世界——活动、人群、地点和事物——驱动。他们是能量的消耗者。长时间闲逛、沉思、独自甚至只与一个人相处都会让他们感到缺乏刺激。不过，外向者需要在**行动**的时间中穿插进**静止**的时间，以此平衡自己的生活，否则他们可能会在龙卷风似的躁动中迷失自我。外向者向社会展现了更多的自我——能轻松地表达自己的想法，关注结果，喜欢人群和行动。

内向者就像充电电池一样，需要停止供能去休息，这样才能补充电力。刺激性比较弱的环境能为内向者提供支持，帮助他们恢复能量，那是他们天然的栖息地。

外向者就像太阳能板。对于外向者来说，独处或**内省**就像生活在厚厚云层的遮盖之下。太阳能板需要阳光才能充能，同样，外向者需要待在外面才能充能。和内向性一样，外向性也是一种与生俱来的人格气质。它无法改变。你得学着与它**共处**，而不是**对抗**。

内向者和外向者的主要区别

欣赏独一无二的你。

——袋鼠船长

汲取能量的方式是内向者和外向者之间最为明显的区别。除此之外还有两项关键不同：对刺激的反应和获取知识经验的方式。外向者适合多种多样的刺激，而多种多样对内向者就是刺激过头了。相似地，在获取知识和经验时，外向者偏向于广博，而内向者喜欢专精。

汲取能量的方式不同

再聊聊能量吧！如前所述，内向者和外向者之间的主要区别在于汲取能量的方式。外向者被外在世界所驱动。多数外向者喜欢向别人表达自己的观点，喜欢参与需要和他人协作的活动，喜欢围绕着他人和外事外物来做事。然而，与我们大多数人的印象不同，他们并不一定比内向者更加开朗，或者更加充满活力，只不过他们生活的重心是在自身之外。

外向者挥洒着自己的能量，以至于他们常常难于放慢生活节奏。只要到外面做点事情，他们就能轻松恢复精力，尤其是在丰富多彩的现代生活中。无法和人们或者外在世界产生联系的时候，外向者可能会感到孤独，或者产生精疲力竭的感觉。他们是那种在聚会结束**之后**依然兴致盎然，想要知道后面还有什么安排的人。通常，放松休息才是他们的难事。

内向者的动力来自内在的想法、印象和感情。与我们对内向者的刻板印象相反，他们并不一定是安静或者疏离人群的人，只不过生活重心在于内心。他们需要一个安静的、适合自省的地方，让他们将事物参透，让自己充满能量。他们会如释重负地说："天哪！许久未见，能和比尔说说话的确挺好，但我真高兴聚会已经结束了！"

对于内向者来说，汲取能量并不简单，尤其是在快节奏的当代社会。他们需要更多的时间来储存能量，而能量的耗用又比外向者更快。内向者需要精打细算做某件事花费多少能量，他们又需要保留多少能量，从而做出明智的生活计划。

举个例子，我的来访者桑德拉（一位在家工作的女销售员）有时需要去洛杉矶，在买家之间来回奔波。在这样繁忙的一天**之前**，她往往会安排一天时间做安静的案头工作，不受外界干扰。她会早早上床，起床后美美地吃上一顿早餐，然后上路。实地销售当天，她会时不时给自己计划休息时间，让自己独处，以便恢复精神。她就是通过这种方式为自己的能量需求做好规划，避免能量耗尽的。

外界刺激——是敌是友？

内向者和外向者的第二个不同是感受外界信息刺激的方式。外向者喜欢多种多样的经历，而内向者喜欢更多地了解自己的体验。

对于内心活动旺盛的内向者，任何外界信息都会迅速提高精神活动的剧烈程度。这有点像被人挠痒痒——只要一眨眼的时间，你就从舒服走向"过头"和难受。

内向者往往在自己意识不到的情况下，尝试限制外界信息进入的方式，以此调节过量的外界刺激。我的来访者凯瑟琳想在后院建一个花园。她是一名教师，这份工作占据了她大多数的注意力和能量。作为园艺新手，她坐下来细读《业余园艺基础》。随着阅读的不断深入，她的脑中渐渐有了计划的雏形。她还需要学习阴生植物、土壤酸碱度、覆盖护根、灌溉、病虫防治、日照等相关知识。她能预见到在烈日暴晒下挑选植物的复杂程度和这些工作所需要的能量——选择实在太多了。她又想到准备土壤、种植植物、除草除虫、驱赶蜗牛、日复一日浇水所要花的时间。最初的快乐逐渐消失了。需要去学着做的事情数不胜数，她开始觉得事情太多了。她的头脑飞速转动，这让她觉得难以承受。于是，她决定限制花园的面积，不使用整个后院，而只用其中的一小片土地。

没有压力地专注于一两个领域时，内向者会享受事物内部的复杂细节。可一旦手头上的任务太多，他们就很容易觉得难以承受。在后面的章节中，我会讨论如何处理过度刺激所带来的紧张感。

对于内向者来说，仅仅是身处人群中就能让他们受到过度刺激。人群、教室……任何吵闹嘈杂的环境都会让他们精疲力竭。他们也许很喜欢和人相处，但是在与**某个人**交谈过后，他们就想退出去休息一会儿，让自己透透气。这就是我在前面提到的"大脑像被封住一样"的经历的来源。受到过度刺激时，内向者的大脑甚至会直接关闭——"别再给我信息了，谢谢"——然后就黑屏了。

外向者也需要休息，不过是出于不同的原因。

如果是去图书馆，他们只能在很短的时间内保持学习状态（一种内在的心理过程）。他们动不动就要在书架之间来回走动，去自动售货机买点零食，或者和图书管理员聊聊天。他们喜欢"有事做"、有活力的环境。外向者越是觉得内心**缺少**刺激，就越迫不及待地渴望自己充满能量。不过，休息能够增加外向者所受到的刺激，却会减少内向者所受到的刺激。举个例子，当内向者学习的时候，他们接收的信息多到了难以承受的地步，就像是凯瑟琳在计划搞花园时那样。

海有多深，天有多宽？

外向者和内向者的第三个区别是广度和深度。一般来说，外向者更喜欢广度——多种多样的朋友和经验，对所有事情都了解一点点，是个博学家。他们消化来自外部世界的经验时，这些经验并不会在内心展开。他们很快便会转向下一段经历。一个外向型的朋友告诉我："我喜欢在聚会的人群中穿梭，只听每段对话的精彩之处。"她不愿意错失任何东西。对于外向者来说，生活就是不同经历的累积。外向者将世界看作周日的自助早午餐。他们端着盘子遍历盛满各式美食的餐桌，直到吃饱喝足才离开。他们把来自生活中一点一滴的刺激都事无巨细地记录下来。多样性会使他们兴奋，精力旺盛。

内向者偏爱深度，他们限制经验的数量，但会深入体会它们。一般来说，内向者专注于少而精。他们喜欢深入讨论话题，追求"质"更胜于"量"。这恰恰是他们需要将思考限制在一个或两个领域的原因，否则他们会觉得难以承受。他们的头脑从外界吸收信息，在内心反省和拓展。哪怕信息已经接收很久了，他们依然在咀嚼、消化——有点像牛的反刍。除了内向者之外，还有谁能耐心地研究南非舌蝇的交配模式？热衷于专注地深究、内省，以及安静地思考，这恰恰是内向者痛恨被打扰的原因，我在后面会继续讨论这一点。对于内向者来说，从思考的深井中挣扎出来是十分困难的。他们需要花费额外的能量再重新进入专注的思考状态，但其往往没有那么多能量。

萝卜青菜，各有所爱

从我和丈夫迈克尔制订的旅行计划就可以看出内向者和外向者之间的区别。如同我之前所说的，迈克尔是外向者，而我是内向者，我们头脑中对于有趣的、令人满足的旅行的设想简直南辕北辙。

我们期望的度假方式如此不同，以至于得轮流选择目的地。一年由我来选择，另一年则轮到他选择。有一年，迈克尔的计划是"九天游遍九国"；而下一年，我选择专门去休闲地探索科罗拉多州利德维尔镇的老矿区。假期的第一个下午，我们坐在酒店的火炉边读着商务部的单页宣传单——《利德维尔镇游览指南》，我的内心激动不已，而迈克尔已经无聊得睡着了。

自从看过电影《翠谷奇谭》后，我就一直想亲眼看看霍拉斯·泰伯发现白银的地方。利德维尔镇上有泰伯歌剧院、历史博物馆、国家矿业名人纪念堂、第一矿业博物馆，更不用说还有利德维尔镇铁路和真实的矿坑游览项目了。这一切是如此丰富而美妙，谁能感到不满足呢？然而迈克尔是这样说的："看来明天下午 2 点就能逛完利德维尔镇，之后我们干什么？"

我的计划是每天只去一个景点。我想亲身感受一下百年前矿工们的生活。然而迈克尔说："看，这里离阿斯彭只有 59 英里，我们明天下午可以开车去滑雪。"

"天哪！慢着，迈克尔先生，"我说，"这趟出来听谁的？"

于是，利德维尔镇之旅就成了我最喜欢的一次旅行。这么多年来，迈克尔常开玩笑说，科罗拉多那四天对他来说感觉就像过了四年。对于他的调侃，我欣然接受。"你难道不觉得幸运吗？"我说道，"并不是每个人都有度日如年的感觉，特别是在度假的时候。"

卡尔·G.荣格关于内向和外向的初始理论

心智的钟摆总是摇摆在理性和非理性之间，而非正确和错误之间。

——卡尔·G.荣格

20世纪初，精神分析学家卡尔·G.荣格正与西格蒙德·弗洛伊德和阿尔弗雷德·阿德勒共事，后两位同为最优秀的精神分析理论家。这时，荣格注意到一件深感困惑的事。当弗洛伊德和阿德勒讨论同一名病人的来访记录时，他们所关注的重点是完全不同的。他们所建立起来的理论也几乎完全相反。荣格认为他们**两人都**捕捉到了重要信息。荣格基于对这一现象的思考（猜猜荣格是什么型，外向型还是内向型）建立起自己的理论。

荣格认为弗洛伊德是外向者，因为他的个人取向落在外在世界的人群、地点和事物上。弗洛伊德的许多理论都是以他与无数同事的通信和讨论为基础建立起来的。弗洛伊德相信，心理发展的目标在于从外在的世界寻找满足感。而阿德勒是个内向者，因为他的理论内容和关注点在于个人内心世界的思考和感受。阿德勒的理论建立在个体内心克服无助感的抗争上，他将这种内心的抗争称作"自卑情结"。他将人视作塑造自己生活的艺术家。

弗洛伊德、阿德勒和荣格的理论分歧最终以不快收场。三人分道扬镳后，各自沿着自己的理论方向发展。弗洛伊德在他关于自恋症的著作中，开始将内向型性格视作负面的概念，认为它意味着与世疏离。这使得内向型性格的概念逐渐从健康到不健康发展演变，而这一错误观点一直延续到了今天。

荣格继续发展自己的理论。他推测，人们生来就具有某种气质，一端是极度内向，一端是极度外向，每个人都处在连续体之间的某个位置。荣格认为这些气质具有生理上的基础。现在，科学研究也证明他的直觉是正确的。荣格意识到，如果可以根据需要灵活地在内向和外向的连续体之间移动，我们就能更好地适应外在世界。不过，他也认识到气质不是这样的——人们总是更倾向于两种气质类型中的一种，被拉向一端。他总结道："最好的自我是在'自然舒适区'中表现出来的。"荣格认为，除去内向和外向的两个极端，连续体上的任何位置都是健康的心理状态。荣格还认为，强行要求儿童大幅度改变内在气质是有害的，这种行为"违背了个体的内在性情"。事实上，他认为这恰恰是某些精神疾病的成因。

对双生子的研究揭示个性气质的奥秘

在《缠绕的生活》（*Entwined Lives*）中，杰出的双生子研究专家南希·赛嘉（Nancy Segal）记录下了一些令人惊讶的发现，这些发现源于她在明尼苏达大学双生子和领养研究中心时的研究。研究比较了同卵和异卵双生子在一起被抚养和分开被抚养两种情况下的表现。有 50 对在成长过程中被分开抚养的双生子在研究中心接受了研究，他们之间的相似性令人大为震惊。分开抚养的双生子之间表现出一系列的相似特质，这一点在同卵双生子身上尤其明显。有一对同卵双生子喜欢谈论他们最爱的话题——养马和养狗。另一对同卵双生子都是志愿消防员，而且都吃不下去粗劣的食物。还有一对双生子在接受研究之前从未见过面，但两人开的都是浅蓝色雪佛兰。另外一对双生子用的都是某瑞典小众品牌的牙膏。随着研究的深入，了解到的重聚双生子越来越多，这一点也越来越明显——他们性格的相似性高得超出预料。赛嘉博士写道："令人惊讶的是，守旧的习俗——传统家庭伦理和道德观——并没有以家庭对成员施加普遍影响的方式展现出来。换句话说，与某人一起生活并不一定意味着在行为准则或抚养方式上产生认同。"研究也发现，共同抚养的异卵双生子之间的相似性要远远小于那些分开抚养的同卵双生子。这些研究证明了荣格许久以前的发现——我们生来就具有一定的内在气质与个性。赛嘉博士继续写道："这一发现的言下之意是，共同生活并不能使一个家庭中的人们变得更相似，相似性的来源是家人之间共同的基因。"

然而，他也指出，内向或外向并非永远固定。人们甚至会不知不觉地产生变化内向或外向气质的能力。举个例子，你可以学习储存更多的能量，而这些储备可以让你运用自己不那么自然的一面。试着想一想：一整天只用自己不占优势的那只手写字。你并非不能做到，只不过需要更加努力、更加专注而已。荣格认为，这种感觉就和跳出自然舒适区相似。你并非做不到，但这会消耗额外的能量，也不会为你产生新的能量。

你是内向者吗?

看清显而易见的事物需要持之以恒的努力。

——乔治·奥威尔

好玩的来了!**你**是那条离开水的鱼吗?美国国税局有两种退税申请表,一个长,一个短。我也要给你两个选择。你可以做小测验,也可以做比较长的内向者自我评估问卷,这由你选择。你也可以两个都做,再对比结果。

小测验

浏览下面的关键特质列表,哪一个更符合你,或者是在**多数**时间更符合你?(不一定要完全符合)**照实回答**,而不要按照你对自己的期望作答。相信自己的第一感觉。

列表 A

喜欢被纷繁复杂的事物包围。

享受多样性,单调让你觉得无聊。

认识很多人，将他们视作朋友。

喜欢闲聊，甚至是和陌生人。

在活动之后觉得振奋，渴求更多。

不经思考就发言或行动。

精力一般比较充沛。

喜欢说多过听。

列表 B

喜欢一个人，或者和少数几个亲密的朋友一起放松休息。

认为只有深切的关系才能称为友谊。

在户外活动之后需要休息，即使是你喜欢的活动。

在交谈中以倾听为主，但是会围绕你认为重要的话题大量发言。

看起来冷静独立，喜欢观察。

在发言和行动之前通常会思考。

在人群中或压力下有过大脑一片空白的经历。

不喜欢被催促。

以上哪一个特质列表的描述和你更相符？列表 A 是外向型，列表 B 是内向型。你大概不会**完全**符合任何一个，但总有一个更符合。因为我们的社会文化对外向型性格有所偏好，工作和家庭也可能需要你表现出外向者的样子，这也许使你感到难以判断列表 A 和列表 B 中哪一个描述更符合你。如果你还不能确定，不妨扪心自问："我什么时候觉得最精神焕发？在度过安静的时间之后（内向），还是度过活跃的时间之后

（外向）？"如果你还是不能确定，试一试下面的详细评估吧！

内向者自我评估问卷

　　挑一个你觉得放松、不紧张的日子，完成下面的内向者自测。找一个别人没法打扰到你的舒适角落，仔细想想，对于一般情况下的你来说，每一个陈述是正确还是错误的，不要想它是否符合理想中的自己，或是否符合个别时候的状态。不要分析这些陈述，或者思考得太深。第一感觉最重要。你可以找伴侣或者朋友来帮你回答，从他们的回答中能获得一些启示，了解他人眼中的你是什么样的。将你的结果和朋友作答的结果进行比较。如果分数不同，你们可以聊聊各自的观点。

　　用"是"和"否"来回答下列所有问题，最后计算"是"的数目，然后看自己属于高度内向、高度外向，还是两者之间。

　　____需要休息的时候，我更喜欢独自待着，或者和一两个亲密的人相处，而不是处于一大群人之中。

　　____当我工作的时候，我喜欢拥有不被打扰的大段安静时间，而不是碎片时间。

　　____有时我会在发言之前排练，偶尔还会给自己写备忘录。

　　____通常来说，我更喜欢聆听而不是倾诉。

　　____人们有时候觉得我是个安静、神秘、冷淡或者平静的人。

　　____我喜欢和一个或者少数几个亲密的朋友一起度过重要的时刻，而不是举办盛大的庆祝会。

_____我在反应或者发言之前通常会思考一番。

_____我往往能注意到人们注意不到的细节。

_____如果两个人刚吵了一架，我会感受到紧张的气氛。

_____如果我说会做某事，就一定会去践行。

_____如果需要在截止日期前完成某事，或者受到别人催促，我就会觉得焦虑。

_____如果当前发生的事情太多，我可能就会大脑当机。

_____在决定是否参与某项活动之前，我喜欢先观察一会儿。

_____我与亲友之间的关系都很长久。

_____我不喜欢打断他人，我也不喜欢被人打断。

_____当接收很多信息的时候，我需要一段时间来整理和消化它们。

_____我不喜欢有过多信息刺激的环境。我不理解为什么会有人喜欢恐怖电影，或者喜欢玩过山车。

_____有时候我对气味、味道、食物、天气和噪声等会有强烈的反应。

_____我富有创意，富有想象力。

_____在参与社交活动之后，即使玩得很开心，我还是会觉得精疲力竭。

_____我喜欢被人介绍胜过介绍他人。

_____如果在人群周围，或者参与太长时间的活动，我可能就会变得脾气很差。

_____在新环境里我常常觉得不舒服。

_____我喜欢人们来我家玩，但我不希望他们待得太久。

_____我往往害怕回别人电话。

_____有时当我偶遇别人，或突然被要求发言的时候，我的大脑会一片空白。

_____我语速很慢，或者在语句之间带有间隔，尤其在疲惫或者要边想边说的时候。

_____我不觉得一般的熟人算得上是朋友。

_____我觉得我必须得确定自己的想法，或者作品彻底完成，才能展示给别人。

_____有的人觉得我比自己所表现得更加聪明，这让我有些惊讶。

计算有多少个"是"，然后对应下文，了解你属于哪个类型。

20 ～ 30 个"是"。你的内向程度很高。于是，了解如何避免能量枯竭，维持大脑处理信息的能力对你是极其重要的。通过想法、印象、希望和价值观，你将自己和生活联系起来。你不为外界环境所摆布。这本书能帮助你运用内在的知识来开创属于自己的道路。

10 ～ 19 个"是"。你位于内向和外向之间。就像不分左右手的人一样，你既内向又外向。你有时觉得想要独处，有时又想到户外转转。因此，对于你来说，注意你何时、以何种方式会感到充满能量是十分重要的。你既以自己的想法和感受，又以他人的判断为标准来评判自己。这拓宽了你的视野，但有时你会发现自己能意识到双方的观点，却不知道如何选择。对于你来说，学会评估你的气质与性格是很重要的，这样你才能保存自己的能量和平衡感。我会在第二章中详细说明这一点。

0 ～ 9 个"是"。你偏于外向。你对自己的判断建立在他人的价值观和现实感上。你喜欢在现有框架下行事，并带来局面的变化。步入中年，身体的机能逐渐下降时，你也许会感到惊讶，因为那时的你会想要在繁忙的社交活动中偷闲休息一下，或者有点时间独处，这也许会让你觉得不知所措。你可以学习一些技巧，发现自己在想要独处时最适合做些什么。为了做到这一点，你需要学习更多的内向技巧来平衡外向技巧。

如果你还是不确定自己到底是个内向者还是外向者，就问问自己下面这个问题——在一场危机中，你倾向于感到大脑当机、意识飘忽、反应迟缓，还是能迅速做出反应、不假思索地行动？在强大压力下，我们会回归自己的本能反应。如果你有逃避的冲动，沉默像大雾一样笼罩着你，那你就偏内向。如果你更偏外向，你的本能会驱使你行动起来。这两种反应都有其价值。

结语：内向者和外向者都有自己的价值

世界是多样的。

——谚语

对于荣格来说，美好生活的目标在于达到完整的状态。完整并不意味着**拥有**一切，而是通过了解和珍视自己的长处和短处来获得一种平衡。就像我之前提到的，荣格认为内向-外向连续体上的任何位置都是健康而必要的。虽然有些人偏内向，有些人偏外向，但所有人都有一个天然的支撑点；在这个点上，他或她都能够获取能量，并较为节省地耗用能量。随着年龄不断增长，我们中的多数人会向着连续体的中间移动。但是，我们仍需要每一种气质的长处来促进生活的平衡。

在这本书中，我会着重强调并讨论内向者的优势和不为人知的长处。外向者在生活中受到的褒奖已经很多了。我不会逐条地将内向者的长处与外向者的长处相互比较。事实上，我会强调内向者的长处如何弥补外向者的短处。这两种气质是互补的。

请记住，所有人都是多面的。内向和外向并不是唯一被强行区分成好与坏的性格特质。人类有一个小小的恶习，喜欢把自己归属为好坏两面。举例来说，在 1995 年，丹尼尔·戈尔曼出版了奠基性的著作《情感智商》（*Emotional Intelligence*）。在此之前，智力一直被认为是理性思维的表现；情感被认为是非理性的，因而价值较低。于是，人类被分为"头脑"和"心灵"两部分。不过，我们都认识到，有一些人非常聪明，可似乎没什么常识，也不太关心他人。另外一些人拥有很好的共情和判断能力，但智力上并不出众。戈尔曼博士问了这样一个问题：如何让智力进入情感——让生活环境更加文明，让公共生活富有关怀？我们需要头脑和心灵的合作。显而易见，我们需要从天赋截然不同的人身上学习，社会也需要从人性的各个方面获益。

在后面的章节里，我会强调内向者身上的优势。我们为世界带来了重要的贡献——专注思考的能力、自省的能力、体悟的能力、观察的能力、打破常规的创造力、不随波逐流的勇气，以及让世界慢下脚步的潜力。当然，内向者更愿意把这些特质直接扔给世界，然后赶紧回家去！

- ■ 内向者与大多数人不同，这也没什么好担心的。

- ■ 内向者与外向者的不同主要表现在以下三个方面：

  - • 能量的产生。

  - • 对信息刺激的反应。

  - • 对深度或广度的偏好。

- ■ 内向者也同样喜欢与人相处。

- ■ 世界需要内向者，需要他们宝贵的特性。

第二章 | 为什么内向者是一种视觉幻象？

如果我们不能立即消除彼此间的分歧，
至少可以让世界对多样性更加包容。

——约翰·F.肯尼迪

在上一章中，我解释了内向者**是**什么样的人。他们是这样一些人：他们需要私人空间来恢复能量，他们的主要能量来源**不是**外部活动，他们在发言之前需要反省和思考的时间。在这一章中，我会讨论他们**不是**什么样的人。他们并不像受惊的小猫，不是畏缩的胆小鬼，也不是只关心自己的孤家寡人。他们也不一定害羞或者反社会。社会上对内向者的看法并不准确，因为我们是透过磨花的旧镜片观察他们的，总是出于一些错误的假设。多数内向者并不了解自己的气质类型，甚至他们自己都是在对内向者的错误观念中成长起来的。

那么，就让我们磨光镜片，纠正这些错误的假设吧！

术语区分：害羞、精神分裂和敏感

> 活出自己的本色也许从来都是一件经过学习才能掌握的
> 事情。
>
> ——帕特丽夏·哈姆普尔

害羞、精神分裂和**敏感**都是一些容易和**内向型性格**混用的类似词汇。其实它们和内向型性格的内涵是**不尽**相同的，不过我觉得每个词汇都准确地捕捉到了人类经验中的一个面向。下面让我对每个词汇给出定义，详细阐述，让它们不再模糊。其实内向者和外向者都有可能表现出害羞、精神分裂或者敏感。

内向型性格：内向型性格是一种能够促使你的精神活动转向内在世界的有益的性格。它是一种建设性、创造性的特质，我们在许多为世界的丰富和进步做出卓越贡献的独立思想家身上都能发现这一特质。内向者也可以拥有社交技能，他们喜欢和人相处，享受某些类型的社交活动。但是，聚会上的寒暄会使他们的能量入不敷出。内向者更喜欢一对一的对话，团队活动可能会造成过度的刺激，耗空他们的能量。

害羞：害羞是一种社交焦虑，是一个人面对他人时所感受到的极端的自我意识。它也许有一些遗传学上的因素（表现为恐惧中枢应激性极强），但它的习得通常源自学校环境、朋友相处与家庭经历。对一些人来说，害羞会出现在不同的年龄，或者在特定情境之下。害羞的人在一对一或人数众多的情况下都有可能感到不适。这和能量无关，它是一种社交不自信，对他人如何看待自己感到恐惧。害羞会导致出汗、颤抖、面部颈部发红、心跳加速、自我批评，以及感到别人似乎在嘲笑自己。害羞的人觉得自己独自一人站在巨大的弧光灯下，希望钻进地缝里去。

害羞并不在于**你**是谁（比如说内向者），而在于你觉得**他人**眼中的你是谁。因此，害羞与否，视他人的反馈情况而定。对于那些常常需要和他人在一起，以此获得能量的外向者来说，害羞的代价是巨大的。一个好消息是，学习改变自身行为的策略能够显著降低害羞出现的概率。本书末尾的参考文献部分列出了几本关于害羞的实用书籍。试试采用这些书里的建议吧，它们会对你有所帮助。

精神分裂：患有这种心理疾病的人生活在痛苦的困境里。他们需要人际关系，又害怕与他人过多地交际。多数精神分裂患者在成长环境中蒙受了很多创伤，或者在家庭中长期被忽视、得不到关爱，基于这些原因，他们变得疏离漠然，以避免在人际接触中受到更大的伤害。精神分裂是一种常见的心理疾病。太多心理治疗师将它与内向型性格和害羞混为一谈，这是不正确的。

敏感：敏感的人往往生来带有一些特质，这些特质常常被人们称作

"第六感"。他们具有很高的感受力、直觉力和观察力,对事物细节的分辨能力比常人高很多。他们可能会回避社交场合,因为汹涌而来的感受会使他们痛苦万分。内向者和外向者都有可能具有高度的敏感性。参考文献中伊莱恩·阿伦关于敏感人群的出色著作详细阐述了这一主题。

如果你在接受心理治疗,要确保你的治疗师能够区分上述四个术语。

性格内向的角色

> "哦,维尼!你觉得这,这,这是大臭鼠吗?"
>
> ——小猪皮杰

家喻户晓的文学、电影和电视作品中不乏内向的角色。这也许是因为作家和艺术家有许多是内向的,他们在自己的作品中也带上了这一特质。看一看下面列出的角色,你会想起很多优秀的品质,比如非比寻常的智慧、跳出常规的思考、细心、从大局着眼、果断地做出艰难决定:

• 《小熊维尼》(*The Complete Tales of Winnie-the-Pooh*)里的猫头鹰、小猪皮杰(害羞的内向者),以及克里斯多弗·罗宾。

• 《风流医生俏护士》(*M*A*S*H*)里的阿尔达。

• 《花生漫画》(*Peanuts*)中的莱纳斯·范佩特、史洛德和玛茜。

• 《星际迷航:下一代》(*Star Trek : the Next Genera-tion*)里的让-卢克·皮卡德。

•《甜心俏佳人》(*Ally McBeal*)里的艾丽·麦克贝尔。

•《白宫风云》(*The West Wing*)里的约书亚·巴特勒总统。

•《大侦探波罗》(*Agatha Christie's Poirot*)里的赫尔克里·波洛。

雕塑作品《思想者》(*The Thinker*)的主人公。

•《杀死一只知更鸟》(*To Kill a Mockingbird*)里的阿提克斯·芬奇。

•《赐予者》(*The Giver*)里的乔纳斯。

对于内向者的几个误解

局外人

首先，我想破除一些声称内向者都很孤僻腼腆的谣言。与通常看法不同，许多公众人物其实都是内向者，而这些人绝不是靠边站的局外人。

举个例子，你一定知道黛安·索耶吧？她是艾美奖得主，《早安美国》和《周四要闻》节目主持人。她是网上流传的著名内向者名单中的一员，市面上无数讲迈尔斯布恩格斯类型指标的书都提到了她。"人们觉得性格内敛的人没法上电视，"她说，"他们错了。"她在美国广播公司（ABC）电视网的个人简介中，说她"决心在广播电视行业闯出一片天地，因为她渴望打破桎梏，进入这个由男性主导的行业"。接下来又说她"以冷静、客观、专业的举止知名"。她总是为工作做好充分的研究准备，尤其擅长采访作风独特的政治家，例如菲德尔·卡斯特罗、萨达姆·侯赛因和鲍里斯·叶利钦，这令她在业界声名远扬。有时，她的采访对象惊讶她以迂回的方式问出的问题竟相当强硬直接。"人们认为她性格冷淡，但索耶有趣极了。"她的好友奥普拉·温弗里说。她的朋友们也说，索耶常常给他们写邮件说"我在想你的事"。

凯蒂·柯丽克是一名外向的女性新闻从业者，《今日秀》节目主持人。现在，让我们想象一下她和黛安·索耶一起坐在沙发上的情景。这两位令人印象深刻的女性是绝佳的例子，证明了内向者和外向者具有不同类型的能量。柯丽克能量旺盛，反应迅速，侃侃而谈。索耶则矜持低调，开口前先沉吟思索。她们两人都在自己的岗位上做得很好。

奥斯卡奖得主，演员乔安·艾伦也是一位典型的内向者。她功成名就，但并不炫耀。《暗潮汹涌》中副总统一角为她赢得了奥斯卡最佳女主角提名，《尼克松》和《萨勒姆的女巫》则让她两次提名奥斯卡最佳女配角。在百老汇，她赢得过托尼奖和奥比奖。当别人问她获奖的感受时，她说："得到奥斯卡奖并不是我的人生目标，但我知道母亲一定高兴极了。"当被问起是否将自己的性格特质带进《暗潮汹涌》中时，她说："隐私对我来说是件大事。我是个很讲究隐私的人。"她以深刻的表演度闻名于世，然而，她并没有离开百老汇，对电影的体验也只是浅尝辄止，因为"我总觉得自己并不是那种能适应快节奏的人"。她逐渐开始享受自己独有的缓慢稳定的生活节奏。她将自己的制片公司命名为"Little by Little"，意为"一点一点干"。

一些著名的内向者

- 亚伯拉罕·林肯，美国第十六任总统
- 阿尔弗雷德·希区柯克，电影导演
- 迈克尔·乔丹，篮球运动员
- 托马斯·爱迪生，发明家
- 格蕾丝·凯利，演员

- 格温妮丝·帕特洛，演员

- 大卫·杜瓦尔，高尔夫球员

- 坎迪斯·伯根，演员

- 克林特·伊斯特伍德，演员 / 导演

- 查尔斯·舒尔茨，《花生漫画》作者

- 史蒂夫·马丁，喜剧演员 / 作家

- 哈里森·福特，演员

- 米歇尔·法伊弗，女演员

- 凯瑟琳·格雷厄姆，前《华盛顿邮报》所有者兼撰稿人

电影胜过千言万语

有时生活的答案藏在电影之中。

——加里·所罗门

以内向型性格和外向型性格为主题的电影有很多。看看这样的电影是一种拓宽对内向者印象的有趣方式。许多内向者能够很清晰地看待别人，看自己反而糊涂；有些人则是严于律己，宽以待人。通过电影观察内向者的角色，能够帮助你更好地理解和欣赏自己身上的优良品质：

- 《天使爱美丽》（Amelie），内向的法国姑娘巧妙而不动声色

地在幕后为身边的人们牵线搭桥，也遇到了属于自己的内向小伙。

• 《BJ单身日记》（*Bridget Jones's Diary*），内向的姑娘因为口不择言的毛病而尴尬不断，最终偶然发现了内向的好小伙。

• 《浓情巧克力》（*Chocolat*），内向的姑娘动手补救别人的生活缺陷，最终找到了最适合自己的伴侣。

• 《为黛西小姐开车》（*Driving Miss Daisy*），主角是一名内向的美国黑人。

• 《情迷四月天》（*Enchanted April*），内向性格在阳光灿烂的意大利备受青睐。

• 《迷雾庄园》（*Gosford Park*），内向的英国女佣看出了阴谋，但保持沉默。

• 《诺丁山》（*Notting Hill*），内向的书店老板邂逅内向的女演员，祸事不断，火花飞溅。

• 《亲情无价》（*One True Thing*），母亲患病之后，内向的女儿学会理解她外向的母亲。

• 《普通人》（*Ordinary People*），心怀愧疚的内向儿子，与偏爱死去外向哥哥的母亲达成了和解。

• 《拯救大兵瑞恩》（*Saving Private Ryan*），内向的队长率领众人前进。

• 《第六感》（*Sixth Sense*），对灵异高度敏感的内向型男孩。

有时候，内向者被迫站在聚光灯下。想想英国的威廉王子吧！他不喜欢人们为自己的一举一动大呼小叫，不爱拍照，也比其他王室成员更

在乎个人隐私。"受到这么多人的注意令我感到不舒服。"他在采访中这样说道。他被形容为"随和宜人"。一位朋友在提到他时这样说："他想做个正常人。"他更希望人们叫他威尔或者威廉，而不是王子。英国王室的惯常做法是将成员扔到聚光灯下给媒体提供素材，他们正努力帮他适应各种生活压力。王室的观察人士也记录了他的才智、感性和内省的天性。有报道说，正是在他的影响下，戴安娜王妃在离婚时放弃了殿下（HRH）头衔。"我不在乎别人怎么称呼你，"他告诉她，"对我来说，你永远都是我们的妈妈。"人们甚至担心他最终会拒绝继承王位，因为他不想承受这一责任带来的巨大曝光度。但是，如果他真的成为国王，他会在王位上把许多内向者独有的优点发扬光大。

众所周知，阿尔伯特·爱因斯坦热爱孤独，他的人生经历向我们展现出了艰难处境是如何消耗内向者的能量的。丹尼斯·布莱恩的《爱因斯坦全传》（*Einstein：A Life*）一书讲述了19世纪后期，上学对于爱因斯坦来说何其艰难。"他沉默又孤僻，是一名看客。"人们确实认为他在智力上有障碍，或者说"痴呆"，因为他没有办法背诵课文，举止也有些奇怪。他从不曾像别的学生那样**干净利落**地回答问题。在回答前，他总是踌躇万分。事实上，如果留在德国的学校，他可能永远不会成为一名杰出的物理学家。幸运（而又讽刺）的是，他父亲糟糕的商业才能迫使一家人搬去了意大利。玛雅——爱因斯坦的姐姐——被弟弟6个月间的巨大变化震惊了。"那个紧张、孤僻、爱做白日梦的小男孩，变成了一个易于亲近、性格外向的年轻小伙，还有着敏锐的幽默感。这难道是因为意大利的空气不同吗？还是因为意大利人更热情？又或者是他终于逃出了牢笼？"她对这一切感到诧异。

爱因斯坦之后去了瑞士上学，他担心那里的气氛会和德国一样令他窒息。但"在瑞士学校的轻松环境里，阿尔伯特尽情地享受着自己的学生生涯。在那里，老师们与学生自由地讨论各种富有争议性的话题，甚至谈论政治——这在德国是完全没法想象的。老师们还鼓励学生自己准备器材，设计化学实验，只要不把实验室炸平，干什么都行"。爱因斯坦后来说："并不是说我有多聪明，只不过我思考问题的时间更久。"内向者能够展现出自己的天赋——例如专注和提问的能力——只要他们处在合适的环境中。

综上所述，内向者绝不是局外人。然而，推动内向者踏向舞台中央的因素往往和外向者截然不同。内向者之所以站到聚光灯下，是因为他们想要从事对自己有意义的工作，因为他们不寻常的天赋，或者是奇特的处境。他们也许能短暂地享受名声带来的世人瞩目，但这同样会耗费他们**很多**能量。茱莉娅·罗伯茨是一个活泼的内向者。在一次《时代周刊》的采访中她说自己拍摄电影的时候，绝大多数午休时间都在小睡。"这样我下午和晚上脾气就会好得多。"她如是说。许多内向的公众人物必须给自己创造一些远离尘嚣的时间。

以自我为中心，拒绝社交

现在来看看内向者背负的最常见的两项指控：以自我为中心，拒绝社交。不难看出为什么内向者看起来专注于自我，或对他人不感兴趣，因为他们在外界信息饱和的情况下会关闭感受的通道。为什么呢？我们需要将外界经验与内在经验做对比，试着参照既有信息来理解新的信息。我们会想，刚才的经历会如何影响我。

与其说内向者以自我为中心，事实上刚好相反。内向者专注自己的内心，内省自己的感受和经验，这样才能更好地理解外在世界和他人。所谓的"以自我为中心"事实上恰恰提供给内向者一种了解他人所思所想，站在他人角度思考问题的能力。

外向者同样专注于**自我**，不过是以另一种方式。外向者喜欢社交，需要他人的陪伴，但这是为了获得足够的信息刺激——和我产生联系，挑战我，对我做出回应——也是为了获得足够的关联感。外向者不像内向者一样，能产生足够的内在信息，所以需要从外界获取这些刺激。也许这就是外向者总是排斥内向者的原因——内向者让外向者感到厌烦，外向者总觉得内向者有所保留，对他们造成威胁，因为内向者不爱闲聊和社交，这恰恰不符合外向者的社交需求。

这又引出另一个对于内向者的重要误解——内向者是拒绝社交的。内向者并不拒绝社交，只不过内向者的社交生态以另一种形式来表达。内向者需要的社交关系较少，但是内向者更加喜欢亲密感和心有灵犀。对于内向者来说，与他人交往需要极大的能量，内向者不太愿意为了社交而消耗太多能量。这就是为什么内向者不喜欢闲聊天。内向者更喜欢言之有物，这样的谈话能够滋养身心、补充能量；这样的对话能带给内向者一种幸福感，也就是研究幸福话题的学者们所说的"深层快乐"（Hap Hits）。当内向者大快朵颐这些内涵丰富的思想时，会获得充分的满足和享受。储存能量的倾向同样解释了为什么内向者对他人感兴趣时，更愿意观察他们，而不是加入他们。

自我还是自省?

心理治疗师在接待新的来访者时，重要任务之一就是帮助他们建立自省能力。在这一前提下，人们还往往认为内向者只会专注自我，这就显得有些讽刺了。对于心理治疗师来说，他们努力使来访者从外界活动中抽身，反省自己的思绪、感受和行动。如果没有自省，人们就很容易一再重复自己的行为。不知为何，通常在自省方面不及内向者的外向者，却被认为比内向者更加健康，即使在专业心理学领域也是如此。

仅仅身处人群，或在场上呐喊助威，就能让外向者的大脑释放出快乐信号；而静静坐在场外会让他们因为无聊而萎靡不振。外向者在社交场合和活动中获取能量，所以他们喜欢出门到镇上猎奇，在花丛间嬉戏。他们会说："你给我刺激，我还你精彩。"但就像我刚才说的，这只是与内向者**不同的**，而不是所谓**"更好的"**社交方式。别让人们因为你的气质而指责你。你的内向性格并没有**给**外向者造成伤害。撤销那些加诸自己的指控吧!

不善表达

如果老天想让我们说多过听，它就会给我们两张嘴巴和一只耳朵。

——无名氏

外向者人数所占比例高，这影响了我们的文化对于内向者的看法。外向者口齿伶俐，让内向者觉得害怕，并越发觉得自己不应该开口。在《人格心理学：观点、研究和应用》（*Psychology of Personality: Viewpoints, Research, and Applications*）中，害羞研究领域专家伯纳尔多·J. 卡杜奇（Bernardo J. Carducci）这样说道："开国元勋曾因自己的宗教观被人们排斥，所以竭尽全力确保我们拥有表达自己思想的权利。今天我们看重在思想表达上的大胆和独立。'发言者'被认为富有影响力，并成为大家的楷模。我们对语言能力、勇气和坦率寄予了极大的重视。"在这段话中，"独立"是指一种**外向**个体身上的特质，这一点饶有趣味。口头表达在大多数西方社会中都是受到重视的。想想那些以唇枪舌剑为特色的著名电视节目吧，如《麦克劳林集团》（*McLaughlin Group*）、《交火》（*Crossfire*）、《硬汉》（*Hardball*）。

内向者不会为了说话而说话。当他们开口的时候，说出的都是自己的所思所想。有时他们甚至连自己的想法也会抑制住，不付诸表达。一天，研究中心的几个朋友去喝下午茶。杰米，一个聪明安静的姑娘说道："每场学术讨论会上我只发言两次。""千万别，"所有人都说，"我们特别喜欢你的评论。"杰米感到非常惊讶。如果不是谈论她在学术讨论会上的发言策略，她是不会得到这样的反馈的。就像其他内向者一样，她害怕占据人们太多时间。我们则反复提醒她：我们想要听到她宝贵的评论。

我们非常重视那些外表自信果断、伶牙俐齿的人物。内向者往往展现出与这些所谓"占据高位"的人们相反的特质。于是，在内向者和外向者之间产生了一条充满误解和挑剔的鸿沟。

为什么内向者让外向者不自在？

发现迸发创造力的独处体验，是身处美国最重要的必
备技能之一。

——卡尔·桑德堡

　　内向者有时觉得自己格格不入，这是有理由的——就好像你的宇宙
飞船降落在错误的星球上——内向者太常被误解了。他们很少展露自己
和自己的行为，显得有些冷淡神秘。就像我们看到的，许多社会高度颂
扬外向的美德，而许多外向者又会对内向者为世界带来的特殊贡献侧目
以对。令人难过的是，许多时候甚至连内向者都不理解自己的贡献。

　　让我们看一看，内向者的哪些特质最容易引起外向者的警觉。阅读
下面的列表时，你要记住，现实中的内向者甚至会比表中描述的更加难
解：他们的能量如潮水涨落，行为因此没有多大连续性。有时，他们的
电池是充满的，这时就显得外向健谈；有时，他们又精疲力竭，费力地
拖拉着自己的四轮马车，这时的他们连一个字都懒得说。这样的表现往
往让认识他们的人感到困惑不已。

内向者倾向：

★ 将能量保留在内心，使人们感到难以了解。

★ 沉浸在自己的思绪中。

★ 发言之前再三犹豫。

★ 回避人群，寻找安静的场所。

★ 不关注别人在做什么。

★ 谨慎挑选见面的对象和参加的活动。

★ 不会主动提出自己的看法，需要被他人询问自己的观点。

★ 没有足够的时间独处或没有不受打扰的时间会心情烦躁。

★ 以审慎的态度思考和行动。

★ 不表现出太多面部表情和动作。

参照上表，我们不难看出为什么外向者会觉得内向者有点神秘。此外，内向者和外向者之间的以下三个主要差异，又使得这小小的裂痕演变成巨大的误解。

内向者的思考方式和行为方式与一般人不同

外向者的思考和发言是同时进行的。这对于他们来说毫不费力。事实上，当他们把事情大声说出来的时候，思路会更加清晰。内向者则需要时间思考，没法即兴发言，除非他们所讲的是自己十分熟悉的话题。在外向者眼中，内向者也许太谨慎或者被动。外向者已经习惯想到就表达，以至于他们会觉得沉默不语的内向者不值得被信任。"想什么就说出来嘛！"他们会这样觉得。"为什么他们对自己的想法没有信心呢？他们想隐瞒什么呢？"外向者会觉得内向者在隐瞒信息和想法。比如一场会议后，曾有好几个外向型朋友问我为什么不开口，并让我告诉他们刚刚在想什么。为什么我不参与进去，并给出自己的意见呢？

我不明白为什么人们觉得我藏着掖着。但是，确实有许多人对我说我很"神秘"。从我的角度看，当我开口时，我的每一个字都是有分量的。我在宣示自己的想法和观点。但是很显然，在外向者眼中，我说出想说的事情所花的时间实在是太长了，以至于他们觉得我**有意**在隐瞒。

外向者得明白，内向者需要时间来组织和表达自己的意见。不过，外向者也应该意识到，如果内向者对一些话题有着深入的思考和理解，那么就得当心了——刚刚还很安静的内向者可能要打开话匣子了！

浸润在语言中

批评别人比要求自己要简单太多了。

——本杰明·迪斯雷利

观念深深扎根于文化的同时，也会被编织到语言中。语言反映了我们所持有的立身观念，我们和观念是相互成就的关系。我在好几本词典中查看了"内向型性格"这一概念。在《心理学词典》（*Dictionary of Psychology*）中，它被定义为："……一种指向自身的取向。内向者全身心沉浸在自己的思考中，回避社会接触，并有脱离现实的趋向。"在《国际心理学词典》(*The International Dictionary of Psychology*)中，它被定义为："……一种主要的人格特质，其特征表现为过分关注自我，社交性不足，被动性强。"在《韦氏新大学词典》(*Webster's New Collegiate Dictionary*)中，它被描述为："……完全或相当关注自己的精神生活状态或倾向。"接下来的更厉害，在《韦氏新世界同义词词典》(*Webster's New World Thesaurus*)中，内向者被描述为："……沉默思索、自我观察、以自我为中心、自恋、孤僻、独来独往、孤独的人。"当我读到这里，脑海中已经浮现出破旧森林小屋里的孤僻怪客了。

当我在这些参考书中查看"外向型性格"时，我总算明白为何会对自己内向者的身份感到惭愧了。《心理学词典》中这样描述："……一种指向外界的人格倾向。外向者社交性强、乐于行动，他或她的动机容易受到外部事件的影响。"《国际心理学词典》中描述："……外向型性格以对外部世界感兴趣为特征，自信、果决、热爱社交、追求感官刺激、崇尚权威。"《韦氏新大学词典》中这样说："……以从外部世界获得肯定为特征，友善而不拘束。"最后，《韦氏新世界同义词词典》将"外向型性格"定义为："……表现出一种关注他人的行为倾向，善于社交，喜欢聚会和炫耀。"对于外向者来说，再坏的评价也不过如此。你明白大概的趋势了吗？如果你觉得我在书里吹捧内向者，我不会否认。实际上，我不过是在努力拉齐内向者与外向者之二者的起跑线而已。这条起跑线偏了太久了。

内向者是被忽略的

当内向者看起来不太情愿说话，或者语速很慢时，他们往往没法让外向者保持注意力。外向者（甚至有些内向者）会觉得，说话吞吞吐吐的内向者贡献不了什么新内容。内向者不喜欢打断别人，所以他们可能会用轻柔的语气讲话，也不会专门强调什么。其他一些时候，内向者做出的评论在思想深度上要超出寻常，这一点会让人不舒服，所以人们也倾向于忽略这样的评论。过一会儿，另一个人可能会说出**一模一样**的话，然后收到热烈的反响。内向者就会觉得自己被忽视了。这对他们来说十分困惑和沮丧。

从表现上，许多内向者丝毫不吐露他们思考的齿轮在转动和摩擦的迹象。在社交场合，他们脸上的表情可能看起来很被动，或者冷若冰霜。除非他们接受了太多信息刺激还回不过神来，或者是真的不感兴趣（谈话内容意义不大），否则他们通常只是在思考人们的对话。如果被人问起来，他们会分享自己的想法。这几年，我已经逐渐学会主动向内向者询问其所思所想。几乎每一次，他们的发言都会拓展谈话的内容。

但是，他们的表情实在太平淡了，别人都猜不出他们是不是心不在焉。如果内向者不和他人持续地进行眼神交流，也不给出线索，这表明他们正在聆听谈话内容。同时，其他人可能就要排斥这些看似心不在焉的内向者了。

内向者迫使外向者停下来思考

外向者不信任内向者还有第三个原因，那就是内向者有时会做一些让外向者讨厌的事情——内向者敢于建议外向者停下当前的行动，在继续行动之前好好反省。内向者会建议外向者放缓脚步，做做计划，想想后果，在行动之前保持专注，而这往往使外向者十分扫兴。外向者已经能够看到项目的成果了，就像他们刚刚在后院撒下种子，就仿佛立即看到未来的鲜花盛开了，于是忙不迭地要去园圃买种子回来。他们就像是赛马——如果你要限制它们的行动，它们就会发出嘶鸣，猛扯缰绳……而步伐缓慢的内向者恰恰相反，他们更喜欢停下来细嗅蔷薇。"让我们先坐下来，看看后院，想想怎样安置这些植物吧！"他们会这样说。想要让内向者"更进一步"，简直就像让海龟加速，哪怕你在它们肚子下面点一把熊熊烈火，它们也快不起来。内向者和外向者确实都让对方相当恼火。

内向者常受到指责和中伤

犯错是人性，将错误怪到别人身上更是人性。

——鲍勃·戈达尔

在成长过程中，内向的孩子不断被拿来与外向的孩子进行比较，这对他们是极大的伤害。许多内向的孩子在成长过程中或公开或隐晦地收到过这样的信号：他们身上有点问题。他们觉得自己受到了指责——为什么你不能更快地回答问题？或者被中伤——也许这人真的**不太聪明**。在我采访的内向者中，50 人中的 49 人表示，他们因为做自己而被责骂过或污蔑过。不过第 50 位——格雷格，一名牧师——却没有过这样的经验。

在格雷格的一次公开演讲中，他大方地自称是内向者。我立即问他能否接受采访，并将采访内容加入本书中。我想知道，为什么他能不被自己的内向型性格所困扰。后来我了解到，他来自一个内向者组成的家庭，所以从没感受过离水之鱼的窒息感。由于早年便接纳了自己，格雷格能够创造出一种平衡的适合自己的生活。

这个例子告诉我们，一个良好的养育环境对我们的天性多么重要。不幸的是，我们中的大多数人并没能成长在善于接纳和培育内向特质的家庭中。

内向的孩子往往能够清晰地接收到这样的信息——他们有问题。一项研究重复了三次，结果都相同。在研究中，内向者和外向者被问到希望理想的自己是内向的还是外向的，希望理想的领导是内向的还是外向的。想想我们的文化偏见吧，人们无一例外地选择了外向者作为理想的自己和理想的领导。我们的文化环境迎合并称颂外向者，人们当然觉得自己**应该**成为外向者。

指责导致负罪感和羞耻感

作为心理治疗师，我遇到过好几个聪明的内向型来访者，他们都觉得自己有个基本的缺陷，就是大脑里缺点什么东西。更糟糕的是，他们有负罪感和羞耻感。人们往往交替使用"负罪感"和"羞耻感"这两个词，好像它们是一回事。但即使有时难以分辨，这两个词实际上还是代表着不同的感受。

羞耻感是一种强烈的悔恨和痛苦，它紧贴在你的身上，就像冒着热气的沥青粘在羽毛上。要摆脱这种黏糊糊的感受是非常困难的。以下线索可能意味着你正在体验着羞耻感：

★ 有想要缩小身体或躲藏起来的冲动。

★ 有想要消失的愿望。

★ 觉得你的整个身体都在萎缩。

★ 觉得说话比起往常要艰难许多。

羞耻感与**存在感**相关联。当我们觉得自己没有价值，或者内在有缺陷的时候，就会感到羞耻。羞耻感带来的是一种无助感和绝望感。羞耻感迫使我们脱离人群，隐藏自我。

有许多反映羞耻的说法：我想**钻进石头缝里，真丢脸**；我**真希望地面裂开一条缝，把我吞下去**……羞耻是一种糟糕的感受，它会彻底摧毁我们和他人分享内在世界的喜悦之情。取而代之的是，我们觉得激动地展露自我会带来太大的伤痛，因而选择沉默。

羞耻感是一种复杂混乱的感受，条件必须刚刚好时才能够激发这种感受，就如同特定的大气环境下才能产生电闪雷鸣。为了让某人感到羞耻，他或她必须想要向别人**透露**自己深藏于心的东西。想想如果你要向朋友展示一件非常骄傲的事情。这就是激发羞耻感先决的"大气环境"——你本想展示自己、赢得注意。但是，如果你获得的不是欣赏，而是厌恶、愤怒、反对，或者蔑视的眼神，它们就会激发出你把自己隐藏起来的强烈冲动。这就是**羞耻感**。

虽然羞耻感对所有人都有影响，但对于内向者来说，它的打击更甚。如果我们觉得羞耻，我们用来安抚自己的资源会更少。我们可能会回避外界，在很长一段时间不展露自我。

罪恶感要简单得多，它与行为相联系。罪恶感是关于**做错事**的一种不舒服的、不安的感受，就好像人们常说的"被抓了个现行"。

我们常常在伤害他人的时候有罪恶感，或者在打破规则或制度、害怕被人发现的时候产生罪恶感。罪恶感驱使我们坦白自己所做的错事，并弥补过失。过多的罪恶感会使内向者变得孤僻。内向者的罪恶感有许多来源。许多内向者能够看到人们相互联系的宏观图景，因此担心自己的举动会影响到他人。内向者会觉得让他们自身感到困扰的事物——比如说被打扰——也会让所有人感到困扰。他们通常具有敏锐的观察力，会因极小的言行失当而产生罪恶感。他们常常会毫无理由地担心自己在言语上冒犯了别人。更有甚者，为了避免做出可能会伤害别人的事情，内向者会选择进一步地回避外部世界，这种做法也降低了他们对生活的满意度。同时，社会也可能会误解他们的贡献。

罪恶感和羞耻感的解药

人的感受无处不在——请温柔些。

——J. 马赛

对内向者来说，学会管理羞耻感和罪恶感是非常重要的；否则我们多数时间都会觉得糟糕透顶。请用下面这些补救措施来帮助自己回到正轨：

★ 如果你有罪恶感，试着想想你**究竟**是不是真的伤害了别人。有时候我们觉得自己冒犯了别人，而事实并非如此。举例来说，内向者不喜欢打断别人。插入一段对话，打断别人的话就会让内向者产生罪恶感，但是许多人并不在乎被打断。因此，当你以为自己让别人不高兴了，一定要和他确认一下，也许他的反应并不是你想的那样。你要试着对自己说："插话让我觉得有些紧张，我打断了他的发言，但他看起来并不生气，没什么大不了的。"

如果伤害到了别人，那就去真挚地道歉，然后翻过这一页。"哦，简，我很抱歉没让你把话说完。你刚刚要说什么呢？"罪恶感的主要解药就是道歉。我们都会犯错，你就原谅自己吧！

★　你如果感到羞耻感很严重，试着弄清楚是什么激发了它。比如一个同事在会议上问了你一个问题，你想要回答，脑子里却没有东西，这也许就会激发羞耻感，使得你想要躲起来。"我不够好，我不聪明。"你会这样责备自己。赶快停下来，这样对自己说："我的大脑就是这样工作的。我并不总能快速回答问题，爱因斯坦也不能。我可以告诉同事，我需要仔细想想，之后再给他回复。"接着就放下这件事。羞耻感的主要解药是自尊。告诉你自己，你并没有缺陷，你没有任何问题，你的大脑只是以另外的方式工作。反复思考是很有用的活动。做你自己就很好。

测量你的性情温度

保持远大的抱负、适当的期望和少量的要求。

——H. 斯坦

你越是内向，就越容易对自己的内向性格感到罪恶和羞耻。你越是如此，就越容易被他人误解，甚至被自己误解。这些经验都会驱使你回避外在世界。为了避免过度回避外界，你可以采用这两个技巧：其一是学会运用上述罪恶感和羞耻感的解药，其二是学会解读你的性情温度。就像读温度计一样，你也可以学会解读自己的性情温度。

你可以每天测量一下自己的能量水平，然后调整一天、一周乃至一辈子的活动安排，以此达到能量上的供需平衡。通过这样的操作，你能成为一名自信的内向者，不容易过度疲劳，不会大脑空白，或者在和他人相处的时候不会感到羞愧和罪恶。试试看吧！

"维拉阿姨将要来拜访了吗？她是不是将要整个礼拜都跟着你在家里进进出出，口若悬河？"细细体会自己的感受，是否双臂沉重，大脑嗡鸣，身体疲倦？你是不是觉得自己仿佛被一双水泥靴子禁锢住了？如果是这样，你需要在一周里给自己留出大量的休息时间来恢复精力。又或者，你有没有一整个周末都舒服地窝在家中，身体能量充沛，头脑满溢着想要做的事情，跃跃欲试？ 这正是把落下的工作提上日程的绝佳机会。

显而易见，大多数时候，你并不能直观地看清精力指数。下面的问题可供你自测：

★ 我的大脑状况如何？是警觉的，糊涂的，还是停滞的？

★ 我的身体能量如何？是一摊烂泥，恍恍惚惚，还是精力充沛？

★ 我接受信息的刺激如何？是太多了还是太少了？

★ 我今天需要做些什么？哪些是可做的？哪些是可不做的？

★ 如果还有能量的话，我能在今天的待办事项里加上一两条吗？

★ 如果觉得能量跟不上，或没有能量，我能延后做某些事情吗？

★ 我能在日程中增加休息时间吗？

★ 我需要时间独处吗？

★ 我需要什么形式的独处（比如读书、小憩、远眺窗外、静坐屋内、听音乐、看电视）？

★ 我能从某些形式的外界刺激中获益吗（比如拜访朋友、参观博物馆）？

★ 我今天需要什么？

如果你不断审视自己的身体，查看自己的能量状况，你就能逐渐学会测量自己的性情温度。如果有人约你吃中国菜，能量充沛的你对接受邀请会更加自信；如果你快没劲儿了，你可以谢绝邀请，并不会感到负罪或羞耻；同时，你也不会害怕他们再也不约你了。你知道当下一次精力充沛时，你会欣然接受他们的邀请。

■ 即使公众人物里也有内向者。

■ 内向型性格并不等于害羞、精神分裂、敏感。

■ 多数内向者都有过遭受责备、羞辱、中伤的经历。你要了解相应的解药。

■ 学着测量自己的性情温度。

第三章 | 新出现的大脑图谱：我们生来就内向吗？

> 在你的心中有一片宁静圣洁之地，在那里你永远都可以受到庇护，做真正的自己。
>
> ——赫尔曼·黑塞

不管是内向还是外向，我们是怎么变成这样的呢？人类对大脑机理的认识过程很缓慢。不久之前，我们才只能通过行为观察来推测大脑内部**可能**在发生什么。卡尔·G.荣格根据资料"猜测"内向型性格和外向型性格都具有生理学基础。然而，生在 20 世纪早期的荣格并没有相应的技术手段来确认这一点。现在，凭借先进的脑部扫描成像技术，我们更有可能了解大脑中信息沟通的通道，了解它们是如何影响人类行为的。举个例子，我们能将大脑的内部区域描绘下来，并将特定的大脑活动所发生的区域与相应的经验和行为联系起来。这种描绘也能澄清和确认究竟哪些大脑机能影响人格气质。

　　科学家对大脑的研究仍处于探索阶段，但即便是现在，我们也已经意识到这个领域惊人的复杂。几乎每名研究者关于脑部工作原理的理论都有些许差异。我在本章提出的部分观点还处于探索性阶段。多年之后，我们才可能得到更确定的认识。即便如此，我们仍然坚定地走在揭开大脑奥秘的路上。

　　每个人生来都有某种生理特征，或者说先天特质，它们构成了我们的人格气质。甘德丝·B.柏特在《情绪分子的奇幻世界》（*Molecules of Emotion ： The Science Behind Mind-Body Medicine*）中试图将人格气质从其他人类特质中拆分开来："专家们同样区分了情绪、心情和气质。情绪是最瞬时易变的，原因也最容易发现；心情往往会持续几个小时，起因的发现难度高一些；而气质则是基于基因的，基本上会伴随终生（有时也会变化些许）。"除了它在我们一生中相对稳定和由基因决定这一点外，研究者们还认为气质拥有另外一条基本特征：不同的人有不同的气质，这在小时候就会表现出来。

学界对于人格气质的基本构成还没有达成真正的共识。即便如此，在每一位人格理论家的人格特征列表中，内向型性格与外向型性格总会囊括其中，它们是最确切可靠的人格特质的组成因素。

气质的多样性

宇宙最难解的一点是，它是可以理解的。

——阿尔伯特·爱因斯坦

近期，科学界在基因和大脑图谱上取得了突破性进展，为解开人类奥秘打开了一扇新的窗口。达尔文的一些理论与心理学理论相互联系，形成一种叫作"进化心理学"的新理论分支，研究特定的行为策略是否会提高生存和生育概率。达尔文曾对加拉帕戈斯群岛上的雀鸟开展研究。他发现，雀鸟为适应环境而进化出了各种形状的喙。这种多样性使得它们可以进入各种进食环境。曾经只吃昆虫的它们，现在可以吃昆虫、浆果、种子，增强了整个物种的生存机会。

荣格是达尔文的崇拜者。当他率先提出内向型性格和外向型性格时，他对人格气质的思考显然是从进化角度出发的。在他眼中，气质养成是对环境的最优适应，这样的环境就如同适宜的自然栖息地一样，让人格气质得以成长繁盛。人们在不同的环境中茁壮成长，增加了整个人类的生存机会。这是大自然保护物种的方式。

荣格写道，内向者保存自己的能量，拥有更多的自我保护方式，生的孩子更少，寿命也更长久。这是因为他们更喜欢简单的生活，偏爱亲密的依恋关系，计划和反思新方式。他们鼓励别人建立审慎自省的习惯，在行事之前多加思考。

另外，荣格认为外向型的人倾向于消耗能量，生的孩子更多，自我保护的方式更少，寿命也比较短。当危险来袭时，外向者会迅速行动，而且适应大规模的群体生活。因为他们需要到更远的地方寻找新的土地、食物和文化，所以他们鼓励更广泛的探索。

自然界的稳定往往建立在对立力量之间的制约和平衡上，比如迅疾的野兔和缓慢的乌龟、内向者和外向者、男人和女人、思考和感受。人类生来就具有适应性。我们注定不可能达到完全的平衡或满足，这使我们保持生理上的灵活性，并渴望改变。我们拥有顺应不同环境的能力。

人体的稳定性在于一条原则：在保持稳定的同时调整适应能力。人的身体具有一种对抗性的监管机制，这种机制内部保持着一种动态的**平衡**。就像跷跷板一样，人体的每个系统都有两面，一面是兴奋，一面是抑制；一面是升高上调，一面是降低下调。如果有什么不对劲，你的身体会通过各种信号告诉你。信号在相互连接的反馈回路中传播，向上或向下调节人体的各个系统，直到返回动态的平衡。

自人类诞生以来，人们就尝试解释人与人之间明显的差异，早期往往是以平衡的视角去看待这些差异的。在公元前四五世纪，体液学风行一时。它认为，为了实现气质的平衡，身体需要等量的黄胆汁、黑胆汁、血液、黏液四种体液。中国则盛行五行学说，即金木水火土。几个世纪以来出现了许多气质类型的理论，但最终却黯然退场。纳粹滥用先天气质理论，并用种族定型作为谋害犹太人、吉卜赛人以及异己的借口。他们的行为让先天气质理论被迫沉寂多年。直到最近，随着心理学研究的进步，包括双生子研究、动物研究和脑损伤患者的研究，"气质"这一概念才在学界复苏。

　　人们早已认识到，每个人的气质都有对应的环境。在这种环境中，我们感到更加舒适，能够表现出最好的自己，维持对人类至关重要的平衡。新的认识在于，我们逐渐了解到气质是大脑深层的一种机能。

D4DR 基因对性格的影响

天性常常是内隐的，它有时对我们产生强烈的影响，并且没有不起作用的时候。

——弗朗西斯·培根

我们的气质从何而来？基因是气质的基础。我们是由基因塑造而成的。基因是遗传得来的化学物质组合，决定着每个人的基本构成，创造出错综复杂的身心网络的细胞、组织、器官和系统。人类的基因图谱有99.9%是相同的，个性差异只在于那**属于我们自己**的0.1%。黑猩猩和人类的基因有98%是相同的。只要基因物质改变一点点，就能带来极大差异！

基因是如何影响我们的气质的呢？气质的差异主要源于神经化学物质。每个人通过遗传都会获得约150种脑部化学物质，它们各有其作用方式，用于生成神经递质。神经递质负责在细胞之间传递信息，指挥脑区各司其职。目前，我们能够确定约60种神经递质，主要包括多巴胺、血清素、去甲肾上腺素、乙酰胆碱和内啡肽。这些神经递质在大脑中存在着特定的通路。当沿着通路行进时，神经递质指示血液循环的**流向**，调节流入各个脑区中枢的**血量**。血流的路线和数量决定大脑和神经中枢的哪些部分会"上调"。我们对外界的反应和行为正取决于人体系统的哪些部分被激活。

现在，让我们来了解 D4DR 基因（又称"寻求新奇基因"）的作用，该基因会影响人格特质。请记住，人格特质不是由**某一个**特定基因决定的。然而，针对 D4DR 基因的广泛研究得出了令人吃惊的结果。它位于第 11 号染色体上，鉴于它对人格特质的影响，马特·里德利（Matt Ridley）在《基因组：人种自传 23 章》（*Genome:the Autobiography of a Species in 23 Chapters*）中，将第 11 号染色体称为"人格染色体"。对该基因的研究逐渐揭示了偏好传统的维多利亚女王和寻求刺激的"阿拉伯的劳伦斯"在人格气质上的差异。

D4DR 基因影响神经递质多巴胺，多巴胺控制着人体的兴奋程度，对身体活动和驱动力至关重要。迪安·哈默（Dean Hamer）是位马里兰州贝塞斯达的国家癌症研究所的基因结构和调控研究主管，他寻找喜欢蹦极、跳伞和冰面攀爬的家庭来研究 D4DR 基因。为了尝试新鲜事物而寻求刺激是他们的热情所在；他们喜欢恢宏的音乐、异国旅行和任何新奇的事物；他们无法忍受重复的经历、循规蹈矩的工作和无聊的人；他们可能表现得冲动冒失、喜怒无常；他们可能吸毒成瘾，有透支生命的危险；他们健谈，口才好；他们为了获得奖励而甘冒风险；他们的强项在于充分享受生活，并将自身的极限推向新的高度。研究发现，寻求新奇刺激的人们的 D4DR 基因更长，并且对神经递质多巴胺的敏感性较低。因此，他们需要体验生活中的刺激和挑战，从而产生更高水平的多巴胺。

哈默继而研究了被他定义为"追求新奇程度低的人"。他总结：他们的 D4DR 基因较短，因而对多巴胺敏感。他们在安静的活动中获得的多巴胺已经足够了，所以不需要生活中有那么多"骚动"。这类人也会从另外的神经递质中获得不同的快感，我将在后文讨论这种神经递质。

追求新奇程度低的人往往喜欢内省，满足于慢节奏的生活。他们从寻求刺激或冒险的行为中感受到的更多是不安，而非享受。他们遵守秩序，小心谨慎，享受常规和熟悉带来的舒适，不喜欢招惹太多风险。他们喜欢在大胆行动之前了解整体形势，在长期项目中能更好地集中能量。他们性格温和，善于倾听，待人忠诚。

内在生活

想象一下，一颗活跃的心灵被困在一具死寂的身体中，除了能够移动目光和眨眼睛，这具身体完全是瘫痪的。闭锁综合征患者就生活在这样的噩梦中。造成昏迷（无意识）或闭锁综合征（有意识）的原因只有毫厘之差。

这两种症状都是由脑干（位于脖颈的基部，调节基本身体机能）创伤引起的。如果创伤位于脑干前部，运动通路则会受到破坏，患者会保有意识。由于控制眨眼和眼球运动的神经在脑干后部，他们仍然可以移动眼睛。这样的悲惨情形为我们提供了一条奇妙的线索：乙酰胆碱与内向者从内省中获得愉悦感之间存在联系。虽然闭锁综合征患者应该会表现出幽闭恐惧，但研究人员惊讶地发现并没有。这些患者虽然对自己的情况感到难过，但同时也表现出一种宁静，他们对自己丧失自由这一现实并不十分恐惧。在这些患者中，乙酰胆碱到肌肉的通路被阻断了，没有到达大脑的通路，所以他们内心感受愉悦的能力（思考和感觉所带来的愉悦感受）仍然保持完好。

哈默在《基因相伴》（*Living with Our Genes*）一书中提出，"追求新奇和不追求新奇的人在希望获得快感这一点上没有区别——所有人都想感觉良好——不同的是感觉良好的原因。追求新奇程度高者的大脑要有大量刺激才能获得快感，而同等水平的刺激足以让追求新奇程度低的人感到焦虑。稳定、可预料的环境会使前者觉得无聊，后者却觉得非常舒适，一切刚刚好"。

哈默文中的"追求新奇程度低的人"和"追求新奇程度高的人"是不是很像内向者和外向者？虽然没有用内向和外向的字眼，但我认为人格的连续体上这两个极端与上面的描述相当吻合。关于内向者和外向者分别使用大脑的哪些通路，和这些通路如何影响这两类人的性情和行为，多巴胺似乎起到了重要作用。

追寻大脑的支流

就像海龟蛋一样，海龟的想法也埋在沙滩上，等着海浪涌来，孕育出新思想。

——印第安人谚语

脑科学研究发现，不同的神经递质在大脑中通过不同的通路传递。许多研究追踪了内向型和外向型人格相关的大脑信息传递通路。但是，除非能直接观察到大脑内部的血液流量和部位，否则这仍然不过是有道理的推测而已。

戴布拉·约翰逊（Debra Johnson）在发表于《美国精神病学杂志》（*The American Journal of Psychiatry*）的论文中介绍，他运用正电子发射断层扫描技术，首次试图重复之前关于内向者和外向者脑功能的研究。约翰逊博士请一组内向者和一组外向者（根据问卷分类）躺下来放松，并在他们的血液中注入了小剂量的放射性物质。然后，研究者通过扫描这些放射性物质来确定大脑中最活跃的部分。在扫描的图像中，红色、蓝色和其他明亮的颜色显示了大脑中血液流动的位置和流量。

在研究结果中，有两项发现成功验证了早期实验表明的结果。首先，内向者的大脑血流量比外向者**更大**。血流量大意味着人体内部受到的刺激更强。只要血液流向你身体的某个区域，就像被割破手指一样，这个区域会变得更加敏感。其次，内向者和外向者的血液所经过的通路是不同的。约翰逊博士发现，内向者的大脑血流通路更为复杂，也更集中于内部。内向者的血流通路所经过的脑区与内部经验相关，比如回忆、解决问题和制订计划。这条通路长而复杂。因此，内向者关注的是内心的想法和感受。

字词提取

内向者经常发觉，他们在想要发言时却很难找到想要表达的词。人的大脑在执行说话、阅读和写作等不同功能时会使用许多不同的脑区，因此，信息需要在这些区域间自由流动。内向者可能会觉得字词提取是个麻烦，因为他们的信息流动更慢。一个原因在于，他们动用了长时记忆，所以需要更长的时间，并且需要正确的（能让他们想起这个词的）关联在他们的长时记忆中定位想要的单词。在他们觉得焦虑的时候，找到这个单词并将它表达出来甚至会更加困难。书面表达使用的是大脑中不同的通路，而这一通路对于许多内向者来说是相当顺畅的。

约翰逊博士追踪外向者快速的大脑行为通路，解释他们如何处理影响其活动和动机的信息输入。外向者的血液流向了处理视觉、听觉、触觉和味觉（不包括气味）的大脑区域。他们主要的脑通路较短，复杂度也较低。外向者是通过外部感官来处理实验经历的。他们沉浸于感官的

信息输入之中。这项研究验证了内向型和外向型气质难题的一个关键概念。约翰逊博士总结说："内向者和外向者之间的行为差异是由于他们使用了不同的大脑通路，这些通路影响了人们关注的重心——内部还是外部。"

作为一名外向者，丹娜在一场轰轰烈烈的足球比赛中充满活力，沉浸在视听体验中。丹娜很兴奋，运用短时记忆与搭档内森聊天，在中场休息时盘点精彩过程。离开体育场时，她仍感到能量充沛，其能量是"上调"的。

彼得是一个内向的人，他准备去博物馆看他最喜欢的莫奈的画作。博物馆其实并不拥挤，但他走进去时还是感到不知所措。他的专注力马上就减弱了，或许他自己都没意识到。他走向悬挂着莫奈画作的房间，想到莫奈画作和自己对此的反应，回到长时记忆中，将当下的经历与上次看到这幅画时的经历进行对比。他想象自己在未来的某个时候会再次欣赏这幅画作，将一种温柔的渴望、微微的激动与这种感受联系起来。彼得在脑海中默默描绘着画中奇妙的粉彩。就这样，一直到他离开博物馆，他都感觉很好。

了解了内向者和外向者所激发的确切的大脑通路，我们得以阐明一些行为的成因。但最有价值的线索还远远没有到来。

追寻神经递质的足迹

内向者和外向者的区别并不只在于血液经过的通路不同，对应的神经递质也是不一样的。如前文所说，迪安·哈默发现，受基因影响，追求新奇程度高的人需要寻求大量的刺激，来满足对多巴胺的更大需求。我说过，他们看起来很像高度外向者。事实也证明，外向者的大脑通路的确是由多巴胺激活的。多巴胺是一种与运动、注意力、学习和警惕性紧密相关的强大的神经递质。丽塔·卡特（Rita Carter）在《大脑的秘密档案》（*Mapping the Mind*）一书中指出："过多的多巴胺会导致幻觉和偏执狂；过少的多巴胺则会引起躯体震颤和自主运动失能，并且与无意义感、嗜睡和痛感相关联；低多巴胺水平也会导致缺乏专注力和注意力，带来渴望感和疏离感。"拥有适量的多巴胺对人体至关重要。此外，它还有另外一项重要的工作。在《心境》（*States of Mind*）一书中，史蒂文·海曼（Steven Hyman）写道："要想说明多巴胺通路是如何工作的，我们可以将其表述为奖赏系统。它相当于在告诉你'这很好，再来一次，把做法详细记下来'。"这就是为什么可卡因和安非他明具有成瘾性——它们能够提高多巴胺水平。

外向者对多巴胺的敏感性较低，但对它的需求却不低，那他们是如何获得足够的多巴胺的呢？部分脑区会释放一些多巴胺。但是，外向者需要从交感神经系统的作用中释放出肾上腺素，使大脑中产生更多的多巴胺。因此，外向者越活跃，快乐感越多，多巴胺水平就越高。外向者在有地方可去，有人可以交往的时候，他们会感觉更好。

内向者对多巴胺高度敏感。太多的多巴胺会让他们觉得受到了过度的刺激。内向者在主要大脑通路上使用一种完全不同的神经递质——乙酰胆碱。在《潮湿的大脑》（*Wet Mind*）一书中，斯蒂芬·科斯林（Stephen Kosslyn）和奥利维尔·柯尼格（Olivier Koenig）提出了乙酰胆碱的大脑通路，猜猜怎么样？它恰恰是约翰逊博士在对内向者做脑成像研究中发现的通路。乙酰胆碱也是一种重要的神经递质，与大脑和身体的许多重要机能相关。它影响注意力和学习能力（特别是知觉学习）、保持冷静警觉的能力，以及运用长期记忆的能力，而且会激发自主行动。在我们思考和感受时，它能激发一种良好的感觉。目前对于乙酰胆碱的大量研究加深了我们对内向者大脑和身体机理层面的认识。

乙酰胆碱是人类发现的第一种神经递质。但是，随着其他神经递质不断被发现，研究重点也逐渐转向了新的神经递质。不过，最近有研究发现，乙酰胆碱的缺乏和阿尔茨海默病存在着联系。这一发现促使人们对乙酰胆碱及其与记忆储存和梦境过程的关系进行了更多的研究。乙酰胆碱似乎在人的睡眠和梦境中起着很大的作用。做梦发生于快速眼动睡眠（Rapid-Eye-Movement Sleep, 简称 REM Sleep）阶段。乙酰胆碱负责开启快速眼动睡眠和梦境，然后使我们陷入瘫痪（脱离自主运动），以免真的去做梦境里的事情。研究人员发现，我们需要睡眠来编码记忆，在快速眼动睡眠期间将短时记忆提升为长时记忆。罗纳尔德·科图拉克（Ronald Kotulak）在《走进大脑》（*Inside the Brain*）中说道："乙酰胆碱是记忆机器正常运作的润滑油。当油用光时，机器就会停下来。"

另一件有趣的事情是，雌激素可以抑止乙酰胆碱的下降。这就是绝经期女性会健忘的原因——雌激素水平下降。所以，内向者需要一定量的多巴胺，不能太多也不能太少，而且需要大量的乙酰胆碱来保持平静，以此免受抑郁或焦虑的困扰。这是一个相当狭窄的舒适区。

探索内向者和外向者分别使用什么神经递质是至关重要的，因为神经递质在大脑中被释放时，它们同样与自主神经系统相联系。这一系统连接我们的身体和心智，并极大地影响着我们对自身行动和外界的反应。我认为，神经递质通路及其与自主神经中枢各区域的连接方式，正是揭开人类性格之谜的关键。与外向者相关联的是传递多巴胺和肾上腺素、消耗能量的交感神经系统，而与内向者相关联的是传递乙酰胆碱、保存能量的副交感神经系统。

尼古丁

为什么内向者和外向者在沉思冥想和日常活动中的感受不同？揭开这一谜团的线索不同寻常——吸烟成瘾的原因。在研究中，吸烟者们称抽烟使他们更加集中精力，更好地学习、记忆、振作精神。大脑中的尼古丁受体会模拟乙酰胆碱受体的活动。乙酰胆碱提升注意力、记忆力和幸福感，乙酰胆碱神经传导通路对于内向者起着主导性的作用。

尼古丁也会导致身体释放多巴胺，影响血清素和去甲肾上腺素的分解。当外向者有生机的时候，身体中被激活的神经递质就是这两种。无论处于内向-外向连续体的哪一边，香烟都能够引发人们的幸福感。难怪即使知道吸烟的潜在危害，人们却还是放不下香烟。

内向者较长的乙酰胆碱通路

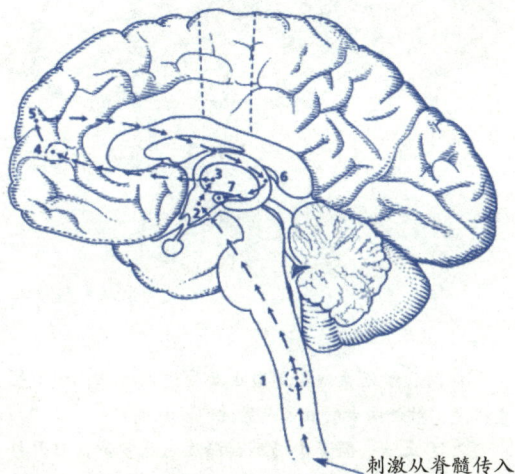

刺激从脊髓传入

　　1. 网状激活系统：刺激由此处进入大脑，调节警觉程度，对内向者的效果是警觉程度降低。

　　2. 下丘脑：调节干渴感、温度感及食欲，负责打开内向者的节流阀。

　　3. 前丘脑：中继站——将刺激发送到额叶，为内向者减少刺激。

　　4. 布洛卡区：语言中枢，激活内心独白。

　　5. 前额叶：与思考、计划、学习及推理相联系。

　　6. 海马区：协调适应环境，将信息传递给长时记忆。

　　7. 杏仁核：情感中枢，内向者的感受与思考在这里被联系起来。

外向者较短的多巴胺通路

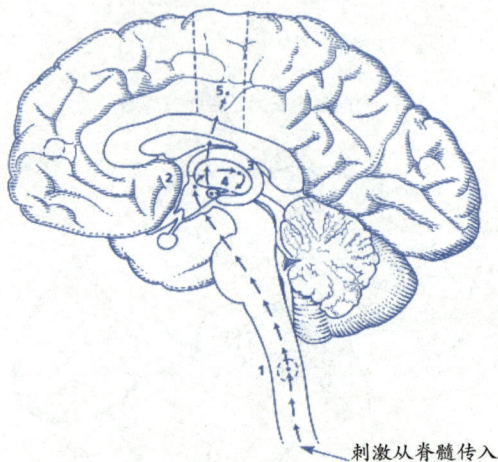

刺激从脊髓传入

1. 网状激活系统：刺激由此处进入大脑，调节警觉程度，对外向者的效果是警觉程度提高。

2. 下丘脑：调节干渴感、温度感及食欲，打开外向者的节流阀。

3. 前丘脑：中继站—将经过提高的刺激发送到杏仁核。

4. 杏仁核：情感中枢，外向者的情感与运动中枢的行动在这里相连接。

5. 颞叶及运动中枢：将运动与工作记忆（短时记忆）相联系，亦为学习及处理感官情绪刺激的中枢。

将阀门开大或关小

生命产生能量——能量创造能量。

一个人只有明智地使用自己的能量，才能拥有丰富多彩的人生。

——埃莉诺·罗斯福

下丘脑位于大脑底部，它只有豌豆大小，却能够调节体温、情绪、饥饿、口渴和自主神经系统。这里的"自主"（Autonomic）出自希腊语，意思是"由自己主导"。自主神经系统有两个分支，即交感神经系统和副交感神经系统。它们的作用相互对立，就如同汽车的油门和刹车。它们控制非自主、无意识的身体功能，如心跳、呼吸和血流等，与体液动态平衡的维持直接相关。它们构成了一个反馈循环，通过它们释放的神经递质将信息送回大脑，调节能量、情绪和健康。

当我们需要运动时，交感神经系统——通常被称为"战斗-恐惧-逃跑"系统——会开始起作用。我称之为"阀门全开系统"。它由大脑中的兴奋性神经递质多巴胺激活。当我们需要退缩时，我称之为"阀门关闭系统"的副交感神经系统会放松身体，并使人安静下来。激活它的是大脑中的抑制性神经递质乙酰胆碱。

我相信这两种强大的初级系统，即阀门全开系统（交感神经系统）和阀门关闭系统（副交感神经系统）是内向型性格和外向型性格的基础。阿兰·绍尔（Allan Schore）博士在《情感管理和自我的起源》（*Affect Regulation and the Origin of the Self*）一书中说道，每个人都在这两种系统之间存在着一个平衡点。在平衡点上，我们能够获得最多的能量、最好的感受。在一生之中，我们会在平衡点附近不断波动。在一次与绍尔博士的谈话中，他说："人格气质是关键。"如果知道自己的平衡点，我们就能调整自己的能量，从而实现目标。

作为对我的结论的支撑，大卫·莱斯特（David Lester）和黛安·贝利（Diane Berry）分别测量了根据问卷分类的内向者与外向者的若干生理指标，比如血压、身体活跃水平、口腔干湿程度、饥饿频率等。他们在《感知与运动技能》（*Perceptual and Motor Skills*）杂志中报告称，他们发现自主神经系统的副交感神经分支对于内向者来说具有主导作用。

阀门全开系统

假设现在是晚上 9 点左右，你正在街区上漫步。突然间，毫无预兆地，一只大土狼出现了。它低着头，绕着你转圈，眼睛紧盯着你，就像盯着美味的夜宵一样。你的身体开启了阀门全开系统。你的瞳孔放大，让更多的光线进入。你的心脏在胸腔中加速跳动。你的血压升高，给身体各器官和肌肉供给更多的氧气。但是，如果你受伤了，血管就会收缩以减少出血。你的大脑进入高度戒备状态，注意力提升到顶点。你的血糖和游离脂肪酸水平升高，产生更多的能量。你的消化、分泌和排泄过程减慢。"战斗－恐惧－逃跑"系统在紧急情况下被激活了，不管这种"紧急"情况是真实的，抑或只是想象。这就是我们积极的外部应对系统。它帮助我们快速做出决定，是拼死一战，还是逃向远方的山顶。思考减少了，重点在于行动。在这种情形下，我们需要这一系统驱使我们挥动手臂，对土狼怒吼，或者在所有尝试都失败的情况下赶快逃离。

阀门关闭系统和阀门全开系统

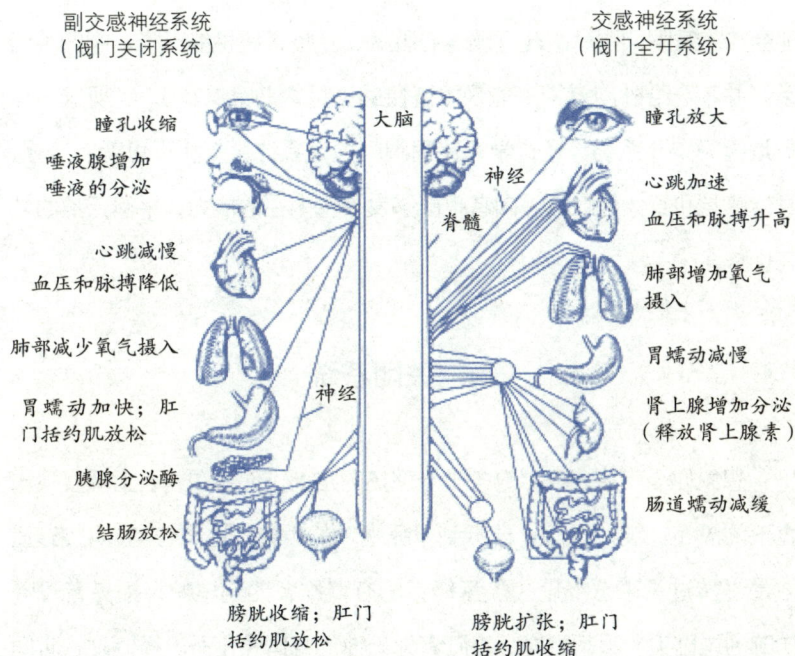

副交感神经系统（阀门关闭系统）

瞳孔收缩

唾液腺增加唾液的分泌

心跳减慢血压和脉搏降低

肺部减少氧气摄入

胃蠕动加快；肛门括约肌放松

胰腺分泌酶

结肠放松

膀胱收缩；肛门括约肌放松

大脑

神经

脊髓

神经

交感神经系统（阀门全开系统）

瞳孔放大

心跳加速血压和脉搏升高

肺部增加氧气摄入

胃蠕动减慢

肾上腺增加分泌（释放肾上腺素）

肠道蠕动减缓

膀胱扩张；肛门括约肌收缩

在2岁之前，我们的身体基本都依靠交感神经系统运行，它给予我们探索世界的能量和热情——发展心理学家称之为"练习期"。作为成年人，交感神经系统驱使我们接触新事物——食物、新的领域、友谊，这些都是我们生存所必需的。当处于活跃、好奇或大胆的状态时，我们就会启用这一系统。如果我们坐在看台上，为最喜爱的棒球队欢呼，这一系统便向大脑发送使人**感觉良好**的神经递质，释放能量。同时，它也释放糖原和氧气来为身体提供能量。

前面讲过，外向者通过活跃的行为使自己精力充沛。阀门全开系统的重心在于消耗能量，它并不会使身体自我恢复。然而，如果外向者不学着运用阀门关闭系统，他们可能会耗空能量，损害身体健康。他们可能会产生睡眠问题、消化问题、心脏病，免疫系统机能下降。阀门关闭系统并不会给外向者带来能量或者快感（见本书第二章），实现这一点的是阀门全开系统。通过学习使用阀门关闭系统，专注于思考、情感、身体感觉和身体信息，外向者也能够发展出内在的能力，平衡天然的外在优势。

阀门关闭系统

想象你漫步在大苏尔一条尘土飞扬的路上，你靠在岩石上观看飞流直下的瀑布。突然之间，你听到"嘎啦"的声音，这声音离你非常近。你慢慢转过头来，瞥见一条盘绕着的有菱纹背的响尾蛇，摇晃着嘎嘎作响的尾巴尖，眼睛发亮，直盯着你。你的身体像化石一样僵硬，时间似乎停止转动。突然之间，你脑子里灵光一闪：我该做些什么呢？这就是副交感神经系统的反应，它负责能量的保存和储备。这一系统会发出信号指导身体保护自己，准备撤离。这时，你的瞳孔收缩，减少光线的进入；心跳减慢，血压降低，减少氧气的消耗；肌肉开始放松。消化、分泌和排泄开始增加，这就是为什么它们有时也被称为"休息-消化系统"。向外的注意力减弱，向内的注意力增加。大脑可以思考和反思。于是，你决定蹑手蹑脚地从岩石和可怕的毒蛇边上挪开。

　　儿童在 18 个月到 2 岁之间，这一系统的活动变得尤其旺盛。我们学会让自己平静下来，好去进行一些复杂的训练和语言学习。当你躺在吊床上，仰望着天空的浮云，或者摇晃着腿放松时，你所启用的便是这个系统。你的身体在储备能量，而不是消耗能量。沉思的时候，内向者"感觉良好"的神经递质便开始发挥作用。这一系统有助于恢复能量，并帮助我们做好准备，在适当的时候打开阀门全开系统。阀门全开系统对内向者并不像对外向者那样，给他们提供能量或者快感。对于性格内向的人来说，大量的多巴胺和肾上腺素会使他们感到刺激过度。偶尔为之，还能有些乐趣。

　　过度使用阀门关闭系统的内向者可能会抑郁、缺乏动力，或因为没能实现目标而心情沮丧。他们需要启用阀门全开系统来使自己兴奋起来。这意味着他们得学会调节焦虑和过度刺激，这一点我会在后文详细讨论。

开启长时记忆的钥匙

　　人的记忆十分复杂，并且涉及大脑的许多不同区域。我们的大脑在不同的区域存储记忆，并在它们之间建立一个个联结，也就是联想。如果内向者认为脑子里没有相关内容，通常就是因为没有触发长时记忆中的联想。我们的大脑似乎一片空白。这就是为什么内向者甚至会忘记喜欢做什么或者擅长什么。我们需要找到一个联结点来将记忆中的经验提取出来。值得庆幸的是，长时记忆中的大多数信息在储存的时候都附带有几个联结点或关键事物，以便在需要的时候提取出来。哪怕是找到其中的一个联结点或事物，我们都能够打开整个记忆。

打个比方，假设你喜欢画画、钓鱼，或者在鲜花盛开的公园里漫步，但这些信息存储在长时记忆中。你有一些闲暇时间，但你想不起来自己喜欢做什么。对于外向者来说，这听起来像是胡言乱语，但对于内向者来说，这却是常见的问题。记住，要打开全部的记忆，仅仅一个联想就足够了，比如相关的想法、情绪、感觉。

坐下来，慢慢放松，让你的思绪漫步，与可能的感知建立联系，比如气味、视觉图像、声音、身体的感觉、美食的味道。或者回忆起某种情绪，比如上次玩得最开心时的感受。让你的思绪飘到任何想去的地方，可以从一个联想跳到另一个联想。

在一个阳光灿烂的日子，坐在公园放松时的宁静感也许会回到你的身上，你这样想着：我喜欢橡树公园，我喜欢去那里。然后你可以选择去公园玩，或者继续放松，寻找另一个记忆。将你寻回的记忆片段写下来，当你不记得自己喜欢什么的时候，它们就能派上用场。用这些关键的事物来为你的记忆解锁吧，慢慢回忆你还擅长些什么。

在公路上的"阀门系统"：打开还是关闭？

显然，我们需要在不同的时间分别启用交感神经系统和副交感神经系统。但是，在经受压力的情况下，我们启用的往往是自己的主导系统。比方说，迈克尔和我几年前遇到了一场交通意外。那是个晚上，我们行驶在一条狭窄的双车道高速公路上，突然某个巨大的东西飞过来，砸向我们的挡风玻璃。迈克尔急打方向盘把车开到路边的双黄线上。幸运的是，对面的车道是空的。巨大的飞行物没有砸到我们，而是砸中了后面的一辆旅行车。迈克尔将车子停到路边。我没有动。我身体麻木，连呼吸也慢了下来。我不希望迈克尔下车，脑海中几乎都闪现了他被疾驰而来的车辆撞飞的景象。然而，迈克尔的心脏剧烈跳动着，他只想着要行动起来。他打开车门，跃出车外，查看是否有人受伤。

可以看出，我随即启用了自己的主导系统——阀门关闭系统（停下来思考）；而迈克尔则被他的主导系统——阀门全开系统占据了（非要跳出去**做**点什么）。

后来我们才知道，当时是一头骡子挣脱了枷具，跑到了马路上，然后一辆皮卡经过，它就撞上了皮卡的挡风玻璃。接着，这只倒霉的动物便从我们头上飞过了（幸亏迈克尔躲得快，充分表现出了阀门全开系统下的反应），最后撞到我们身后的汽车引擎盖上。阀门关闭系统导致我不愿意从车里走出来，这一点是明智的：天很黑，双车道公路上零零星星地有车驶过，危险极了。我想评估一下眼前的情况，这是一个明智的策略。而迈克尔的阀门全开系统的反应是检查受伤的人，这同样是有益的。事实证明，没有人受重伤。我们很幸运。但令人难过的是，骡子就没那么幸运了。几名男子将骡子的尸体从公路上拖走了，免得毫无准备的旅行者再次撞上它。

　　总而言之，虽然我们同时需要这**两个**系统来维持平衡；但受遗传因素或环境方面的影响，我们会让一个系统来起主导作用，尤其在面临压力的情况下。我相信，自主神经系统的两面性为内向-外向连续体提供了支持。尽管两种神经系统都发挥着作用，但我们的大脑和神经递质会使一方占据主导地位。

整体图景

如果把遗传因素、神经递质、神经通路、自主神经功能等方面的信息结合起来看，我们会得到怎样的整体图景呢？答案是，包括内向-外向连续体两端的完整反馈循环。虽然我会讲得简单些，但这些已经是最基本的组成部分了。当然，我们每个人都有两个系统，一个专注于外部世界，一个专注于内在世界。然而，由于大脑对神经递质反应方式的差异，我们有时感到比较平静，有时又会觉得兴奋。

内向者的神经过程

在日常生活中，内向者脑子里总是有很多想法和感受。他们反复思考——将新的体验和旧的经验进行比较。他们经常与自己进行持续的对话。这对他们来说是如此熟悉，以至于他们都不会意识到**其他人**的大脑是不一样的。一些内向的人甚至没有意识到自己的想法太多，也没有意识到需要时间让想法或解决方案"弹出"在自己的脑海中。他们需要回到长时记忆中去查找信息，这需要没有压力的自省时间。他们还需要给自己一些空间，让感受和印象"像泡泡一样浮出水面"。在快速眼动睡眠阶段，也就是做梦的时候，神经传导会整合白天的经验，并将它们储存在大脑中的各个区域，放进长时记忆中。内向者总是在提炼经验，而这需要大量的"内能量"（Innergy）。

乙酰胆碱还会触发下丘脑向副交感神经系统发送信息，以节省能量。这个系统让身体反应慢下来，让内向者慎重思考和审视情况。如果决定采取行动，则需要有意识的思考和一定的能量让身体行动起来。这就解释了为什么许多内向者在集中精力思考问题的时候，需要较长的时间。乙酰胆碱也通过快感奖赏来鼓励这种集中精力的行为，但是不会给身体补充葡萄糖和氧气（能量）。内向者的神经过程影响着生活的方方面面。

外向者的神经过程

外向者对于感觉和情绪的信息输入都相当敏感。当受到刺激时，他们可以迅速回答，因为他们的神经传导通路是快速且敏感的。他们的短时记忆内容就像在舌尖上一样可以随取随用，所以当内向者还在为一个词苦思冥想的时候，外向者已经连珠炮似的说了很多。外向者需要更多的信息输入，来保证他们的反馈循环正常工作。外向者的神经过程会让交感神经系统保持警觉，该系统在做出行动时不需要做出太多思考。它释放肾上腺素、血液（氧气）和葡萄糖，从而使身体充满能量。神经递质从各个器官释放，进入反馈循环，将化学成分送回大脑，制造更多的多巴胺。多巴胺和肾上腺素释放"感觉良好"的快感。难怪外向者不想放慢脚步。

对于内向者来说，大量的肾上腺素和葡萄糖会让他们很快精疲力竭。刺激程度太大，能量消耗过多，这让他们的"油箱"空空如也。由于内向者从深层快乐中获得的多巴胺和肾上腺素较少，且该循环反馈过程中乙酰胆碱不会增加，所以他们从中获得的快感比外向者更弱。

性格源于生理

只是通过观察，你就能够发现许多事情。

——尤吉·贝拉

"内向者"和"外向者"这两个术语用于描述人们的性格特征已近百年。这是为什么呢？ 部分原因是内向和外向很容易通过行为表现出来，而这些行为是根源于生理基础的。我们来了解一下吧！

内向者的大脑–身体回路

前面讲过，内向者的大脑比起外向者的大脑，在内部活动和思维上具有更高的水平，受较长而缓慢的乙酰胆碱神经传导通路支配。乙酰胆碱也触发阀门关闭系统（副交感神经系统），从而控制某些身体功能，并影响内向者的行为方式。

当内向者的大脑嗡嗡作响的时候，他们可能会：

• 说话时减少目光接触，专注于整理思想和语言；聆听信息时则增加目光接触，以便接收信息。

• 用丰富知识让别人感到惊讶。

• 由于他人过度关注而害羞地离开。

• 因紧张疲倦或身处人群而感到头晕目眩或心神不宁。

较长的乙酰胆碱神经传导通路在内向者身上占主导地位，这意味着以下事件发生的可能：

• 可能会在思考的中途开始发言，让其他人感到迷惑。

• 记忆力很好，但需要很长时间才能找回记忆。

• 会忘记自己非常熟悉的事情——介绍他们的工作时结结巴巴，或者暂时忘记想说的话。

• 他们以为已经告诉过你某事了，事实上刚刚才想起来。

• 仔细思索之后才清楚地了解自己的观点、想法和感受。

• 除非将自己的想法写下来或和他人讨论，否则内向者可能不会意识到自己的想法。

内向者的副交感神经系统活跃，这意味着以下事件发生的可能：

• 无法获得动力或采取行动，可能显得很懒惰。

• 在压力下可能反应迟缓。

• 可能举止冷静、矜持；走路、说话或进食都非常缓慢。

• 可能需要调节蛋白质的摄入量和体温。

• 必须休息一阵才能恢复能量。

外向者的大脑–身体回路

外向者的大脑的内在活动比内向者少。它会扫描外部世界来收集信息，为更短、更快的多巴胺神经传导通路提供能量。大脑发出的信号传递到阀门全开系统（交感神经系统），控制某些身体的功能，并影响外向者的行为。

外向者的大脑不断寻求新的刺激输入，这意味着以下事件发生的可能：

• 渴望外部刺激；不喜欢独处太久。

• 说话时增加眼神交流以观察别人的反应；聆听时则减少眼神交流。

• 喜欢说话，并且很会说话。因为会被人关注，成为大家瞩目的焦点，从而感到活力充沛。

较短的多巴胺途径神经传导通路在外向者身上占主导，这意味着以下事件发生的可能：

• 想到就说，说多过听。

• 有良好的短时记忆，可以快速思考。

• 在限时测试或压力下表现良好。

• 对讨论活动、新奇事物、丰富体验感到兴奋。

• 能够轻松流畅地进行社交聊天。

外向者的交感神经系统活跃，这意味着以下事件发生的可能：

• 在压力下行动迅速。

• 喜欢运动和锻炼。

• 精力充沛，不需要经常吃东西。

• 无事可做会感到不舒服。

• 人到中年会变得迟钝或精疲力竭。

大脑的两个半球

最聪明的人脑子里也有愚蠢的一角。

——亚里士多德

　　大自然让大脑成为两个半球的结合。大脑分为两半，即右半球和左半球。在某些方面，这两个半球就好像是两个独立的大脑。矛盾的是，它们同样是一个整体。两个大脑半球被一束纤维（称为"胼胝体"）连接在一起，这束纤维允许它们之间稳定地传递信息，但是每个半球又似乎专长于某些功能和行为。研究发现，有些人平衡地使用两个半球（称为"双边优势"），但与自主神经系统一样，大多数人主要依赖两半球中的一个。"右脑主导"和"左脑主导"的内向者会展现出不同的天赋、行为和局限性。

　　在人生的头两年，我们主要使用符号导向的右脑。这就是为什么婴儿可以在 9 个月或 10 个月的时候学习手语：他们的右脑思维可以将符号与意义联系起来。挥手意味着再见。把手指放在嘴唇上意味着饥饿。左脑的功能在 18 个月到 2 岁的时候开始活跃，这时儿童开始使用语言。请记住，这也是阀门关闭系统开始起作用的时候。我们在"实践阶段"放慢了速度，我们可以学习思考和说话。

右　脑

　　成熟大脑的每一半都有优势和弱点，有它独特的信息处理方式和处理技巧。右脑占优势的天才具有自发的、创造性的和无穷的天资。右脑有时被称为"无意识半球"。它的语言能力匮乏，无法表达思维过程。相反，右脑思维是以一种快速、复杂、与空间有关的方式形成的。右脑占优势的人可以同时完成多项任务。他们感情丰富，生性风趣。

　　右脑的机能很难解释，因为它在天性上就是非语言的、抽象的、整体的、自发的、不拘束的。它们像一个变化无穷的多姿多彩的万花筒，五颜六色的碎片翻滚滑动着，形成各种各样的图案。右脑的思维以肢体语言、动作、自由流动的舞蹈、各种艺术形式来表达。它负责人类生活中与创意相关的部分，比如韵律、白日梦、图像、色彩、面孔识别和模式形成。

如果你的右脑占优势，你更有可能：

★　善于解决问题。

★　对事件做出回应时受情绪的影响。

★　能轻松地解释肢体语言。

★　有很好的幽默感。

★　从主观的角度处理信息。

★　即兴发挥。

★　描述时使用比喻和类比。

★　能同时处理几个问题。

★ 在谈话中多用手势。

★ 注意模式，善于形象思维。

★ 将问题解决视为近似的、发展的过程。

★ 没有意识到自己所知道的全部。

大脑的左右两个半球

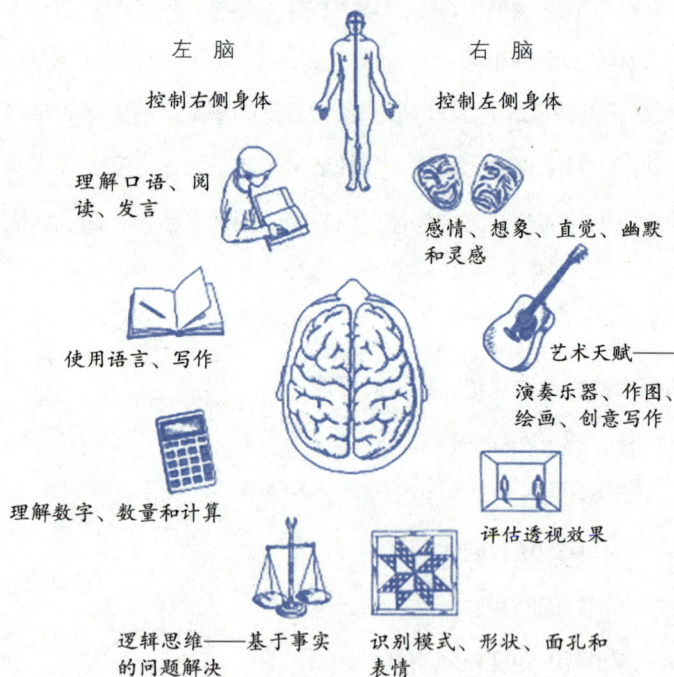

左 脑

控制右侧身体

理解口语、阅读、发言

使用语言、写作

理解数字、数量和计算

逻辑思维——基于事实的问题解决

识别模式、形状、面孔和表情

右 脑

控制左侧身体

感情、想象、直觉、幽默和灵感

艺术天赋——演奏乐器、作图、绘画、创意写作

评估透视效果

右脑，还是左脑？

内向者的思考方式并不都是一样的。右脑占优势的内向者在处理信息、使用语言和凭借直觉上与左脑占优势的内向者完全不同。如果在阅读本书时，你发现我所说的话与你的情况不那么吻合，那也许是因为讨论的话题受到大脑占优势一侧的影响。例如，左脑型内向者可能比右脑型内向者更能在公共场合放松地发言。因此，当我说内向的人很难顺畅地进行发言时，你可能根本不会与这种经历产生共鸣。在阅读本章时，你可以考察一下自己是右脑占优势还是左脑占优势。

左 脑

左脑是人类作为一个物种获得成功的主要因素之一。它帮助我们执行复杂的计划。如果你的左脑占优势，那么你处理信息的方式与那些右脑占优势的人大不相同。左脑型的人一次只处理一件事，如果有一系列的任务要做，他们喜欢在着手另一件事之前先完成手上的事。他们是喜欢开列事项清单的人。他们更依赖短时记忆、重复练习和语言表达。你可能已经猜到，左脑型在男性中更普遍。左脑型的人往往整洁、有序、守时。他们重视书面和口头信息，倾向于以具体的方式来思考，就好像正在处理数据一样。他们喜欢将信息简化为逻辑链条。在做决定的时候，他们往往不容易为感情所左右。如果他们有幽默感，往往会以一种狡黠或者讽刺的方式表现出来。他们看起来总是很能控制自己，冷静而疏离。

引申思考

以下是关于内向和外向的若干研究成果：

• 外向者更常发生法律纠纷，离婚、跳槽更频繁，新朋友来得多，旧朋友去得也多。总的来说，他们面临的冲突比内向者更多。

• 内向者在需要认真细心和集中能量的任务上做得更好，例如空管员。而外向者只会厌倦地看着屏幕说："噢，又来了架747！"

• 外向者在初等教育阶段和考试中的表现更好，内向者在高等教育阶段表现得更好。

• 在一项关于疼痛的研究中，外向者更多地抱怨疼痛，但似乎比内向者更能耐受疼痛。

• 在一项有关记忆的测试中，内向者比外向者表现得更好，无论他们得到的反馈是正面的还是负面的，或者根本没有反馈。而外向者只有得到积极反馈时才会提高水平。

• 更多的内向者有睡眠问题。

• 一项针对258名大学生的研究发现，外向者的自尊心比内向者更高。

• 性格内向和性格外向的中学生讨论的话题不同。外向者倾向于反驳并给出反例，内向者则通过合作发展形成创造性的解决方案。

- 外向者比内向者能更快地适应时区变化。
- 外向者喜欢无厘头搞笑，内向者则喜欢戏谑矛盾的事物。

左脑型内向者与大多数人心目中内向者的刻板印象更为接近。他们的社交需求更少，常常将能量集中在某一职业或者兴趣爱好上。他们可能会用拒绝或者强迫性的思维方式，来保护自己免受焦虑的困扰。

如果你的左脑占主导，你可能更倾向：

- ★ 在采取行动之前分析利弊。
- ★ 干净整洁。
- ★ 根据事实做出决定，而不是基于感情因素。
- ★ 在描述事情时给出具体例子。
- ★ 分析问题时，从好坏和对错两方面来看。
- ★ 客观地认识和处理经验。
- ★ 对时间有敏锐的感知。
- ★ 一次只能做一件事。
- ★ 难以察觉社交暗示。
- ★ 喜欢分门别类。
- ★ 以理念为导向。
- ★ 对文字和数字感到舒适而不会焦虑。
- ★ 寻求确切的解决方案。

内向者如何发挥左右脑优势?

对于内向者来说,了解自己占优势的大脑半球,从而更好地理解自己是很重要的。我认为左脑占优势的内向者更能适应内向的生活。他们的社交需求会更少,独处时不会有太多的内心冲突。他们通常比右脑占优势的内向者更善于语言和逻辑,因此更能够在学校、工作和会议中取得成功。许多工程师、会计师和程序员都属于这类人。由于这些人可能不那么情绪化,更关注细节,所以对自己感觉很好,甚至没有意识到自己与别人不同。

右脑占优势的内向者有数不清的才能,但很多都难以转化成传统意义上的职业技能。右脑占优势的内向者富有创意,在人们的眼里,他们可能有些稀奇古怪。"废寝忘食的艺术家"(Starving Artists)这个词就是为这些人量身定制的。请注意,第二章的著名内向者名单上可是有不少艺术家。大多数演员都是右脑占优势的。由于右脑占优势的内向者有更多的情绪体验,能够看到问题的全景,他们可能会对自己与他人的不同非常敏感。

我们的教育系统是为左脑占优势的人设计的,要求逻辑能力、语言能力、分析性提问、快速反应(限时测试)和快速记忆。右脑占优势的儿童往往处于不利的地位,并且不受重视。丹尼尔·戈尔曼的著作《情绪智商》(*Emotional Intelligence*)如此受欢迎,原因之一就是他鼓吹右脑占优势者的长处。右脑占优势的人经常会感到被误解,并反复被抑郁所困扰。

右脑还是左脑占优势影响着我们的学习方式。如果你是右脑占优势,学习新事物的最好方式是想象整体模式。认识到这一点是很重要的。如果你能在头脑中呈现一个新概念，你就能更好地理解它。因此，图像和事例对你而言是最好的学习方式。理论和分析可能让右脑占优势的人提不起兴趣。他们是通过实干来学习的，而且通过不断地提问来掌握学习内容。右脑占优势的人对比喻和类比的反应，比对议论和陈述更好。

左脑占优势的人对于新信息的接受是循序渐进的。他们通过不断地重复理解原理、要点和观点来学习。在训练一种技能之前，他们也许需要理解**"为什么"**这么做。他们重视书本知识或权威观点。只有某人讲的话被数据和信息所支持印证，他们才能相信。

简而言之，在这一章我们讨论了构成内向气质的因素。我们的大脑奇妙得令人难以想象。遗传基因创造了神经递质，诱使我们在尝试和发现真理的过程中感到喜悦。神经递质向我们沉思的大脑中心输送更多的血液，所以我们在日常生活中会反思自己的经历。特定的生理基础令我们在压力下倾向于使用阀门关闭系统，所以我们倾向于退一步来评估现状，而非急于行动。决定我们看法的最后一个关键因素，是哪个大脑半球占优势：是右脑还是左脑处理外界信息?

通过了解**你的**大脑的工作方式，你能够减少羞耻感和罪恶感。你可以为自己创造最佳的生活环境。你会更加欣赏自己独特的内向者优势。

思考要点

■ 所有人都天生具有某种气质倾向。

■ 不同的个性气质增强了人类作为物种的生存机会。

■ 基因决定了神经递质的工作方式。

■ 神经递质指导我们使用大脑和神经系统的哪些部分。

■ 右脑或左脑占优势影响着我们处理信息和回应外部世界的方式。

第二部分
航行于外向者的海洋

如果船只没有行驶进港，那你就游过去。

——乔纳森·温特斯

第四章 | 亲密关系就是随音乐起舞

> 人类最古老的需求之一，就是当你晚上不回家的时候，有人担心你在哪里。
>
> ——玛格丽特·米德

夫妻关系就像跳舞。一、二、三，一、二、三……"哎呀——你踩到我的脚了！"你的舞伴喊道。然后你们继续翩翩起舞……过了一会儿，他来了个旋转，把你甩开了！接着，他转了一圈又回来了，重新牵住你的手……夫妻之间的关系也是如此。总会有一些时候，伴侣中有一个在跳迪斯科，另一个却在跳恰恰。

　　世上没有容易的亲密关系。每个人都会有那么一两次踩到脚的时候，还会有 3 次、4 次、5 次、6 次……不管你和伴侣都是内向者，还是你内向而对方外向，你可能都要学习很复杂的舞步。了解自己的个性气质对于亲密关系的影响，可以帮助你提高舞技，跳得更漂亮，更少踩到舞伴的脚。了解每个人的个性气质可以使你尽量避免在人际关系中批评、苛责、防备和束缚他人，因为这些都是人际关系中的绊脚石。

从舞蹈到约会

爱情就是大变活人。

——本·赫克特

　　尽管一些内向者喜欢没有固定情侣的关系，但大多数人更喜欢与某个人保持稳定的亲密关系。这意味着，有时，他们会不得不进入二人世界。这是一项艰巨的任务，许多内向者对此感到惶恐不安。就像踏入满是疯狂跳着吉特巴舞的人们的房间一样，约会需要耗费巨大的能量。同时，它增加了处理事务的时间，而减少了恢复能量的时间。你得计划怎么出行，怎么和不熟悉的人对话，怎么把握当前发生的事情，怎么处理波动的情绪。

　　由于不喜欢主动迈出第一步，内向者经常是通过家人、朋友、同事的介绍和撮合来寻找伴侣的。然而，有时内向者也必须采取主动。这时，你不如把约会想象成是学习一种新的舞蹈。这是一种我们不熟悉的经验，因此舞步也有些奇怪而笨拙。但是它的结果——在聚光灯下翩然起舞——让这一切的努力都变得值得。

　　许多内向者与外向者结成伴侣或夫妇，有充分的理由造成了这种现象的发生。首要原因是，人群中的外向者更多——每有一个内向者，就有三个外向者——因此与外向者更容易相遇。内向者上网、骑自行车、在家里看书的时候，外向者却**走出家门**，走进人群——参加社交聚会、待在健身房、加入兴趣小组。那么，此处就有一个"异性相吸"的因素。荣格认为，人类一直在追求完满。因此，他相信我们总是受与自己个性相反的人吸引，并选择他（她）们作为伴侣。内向者被外向者吸引的另一个原因是，外向者会承担发言和行动的责任，这让内向者感到放松，压力较小。

对于内向者来说，外向者似乎纵身一跃就能跳上高楼。"快看天上，外向者超人！"当我初次遇见迈克尔的时候，脑子里就是这样想的。"天啊，他真能搞定很多事情，他家中的所有人都像小蜜蜂一样忙碌！"那时候我觉得自己有什么**毛病**（就像我之前说的，许多内向者都这样认为），因此我认为迈克尔和他的家人做什么都是"对的"。过了很久，我才认识到这不是对错的问题，只是性格不同而已。

约会只是一个**过程**，借此你可以理清自己对某人的反应和他或她对你的反应。你需要有条不紊地为约会做好准备。

为新关系做好铺垫

首先，你要把消息放出来，告诉朋友和家人你已经做好约会的准备了。给他们一些基本信息，你可能会对什么类型的人感兴趣，比如年龄范围、性格类型（内向还是外向）、职业、兴趣爱好、教育程度等。不要忘记告诉他们最看重的几项个人品质——幽默感、忠诚、坦率或有远见。制作一张**你自己的**优秀品质的列表，把它贴在洗手间的镜子上。每天早晨阅读上面的内容，并且保持自信心。

刚开始的时候，如果你觉得有些惶恐，记住这是一场奇妙的邂逅。结识一个新朋友，了解他或者她的世界观，这该多让人雀跃不已啊！鼓励和肯定自己取得的每一点进步。

下面列出了帮助你迈出第一步的具体方法。请仔细挑选吧！这只是一些建议，约会没有绝对正确的方式。祝你玩得开心。

★ 想想能够创造偶遇的地方——电梯、洗衣店、遛狗的公园——在那里，你可以微笑着问候他人。

★ 咨询性格内向的朋友，了解他们采用了哪些约会策略，他们是怎样认识自己的配偶或伴侣的。

★ 阅读一两本约会方面的书，每周从书中选两件事去尝试。

★ 练习遇到新朋友时的自我介绍。

★ 加入一个感兴趣的社团，如登山俱乐部或业余舞蹈团，参加讲座或音乐课。

★ 加入一个你认可的志愿组织，比如"仁人家园"或"愿望成真基金会"，做一名无私的志愿者。

★ 列一个清单，写明你在约会时可能会去做的事情。

约会的过程

大自然为什么要创造约会这件事呢？这是一个重要的过程，帮助我们以一种亲密的方式了解他人，了解他们如何应对生活中的各种事件。如果他们觉得不舒服，他们会退缩吗？他们爱生气吗？爱责备人吗？

他们给你反应的余地了吗？他们对老人、小孩和宠物友善吗？他们需要持续的关注吗？他们如何度过闲暇时光？随着时间的推移，你能看到自己对潜在伴侣的真实感受。你很享受和他（她）的交谈吗？沉默会让你们觉得不舒服吗？你是感觉活力四射，还是百无聊赖，是被控制了，还是被忽略了？这个持续而渐进的了解过程十分重要。不要冲动地认定第一个约会对象就是你的"那个人"。有时候，内向者会缩短约会的过程，那是因为约会消耗能量，给他们带来了不舒服的感觉。想象一下，如果你能够无忧无虑地像迈着翩跹舞步一样度过约会的时光，那是多么令人愉悦的事情啊！这就是阀门关闭系统起作用的时候。慢慢来，给自己一点时间，好好想想约会的内容，看看脑海中自然浮现了什么。以舒适的步调前进，给自己一点时间来体验约会。

约会策略

怀着期待（有时甚至是焦虑）走进约会，在约会过程中试图把握主动权，承受认识新朋友带来的刺激，这些都会让约会成为一件令人精疲力竭的事。为了让约会顺利进行，我要在下面提出一些行之有效的办法：

• 缩短第一次约会的时间，比如只喝喝咖啡或小酌一杯。建议事先确定起止时间。

• 在合适的地方约会，你想离开的时候就能随时起身。

• 通过观察获得约会对象的相关信息。

• 在合理的范围内，你可以像其他人那样展示一定的个人信息。

- 如果感到焦虑或过度兴奋，你可以先洗个澡放松一下。

- 不要试图变得外向！

- 不要依赖酒精或药物来使你放松。

- 不要强求自己，注意保持你的精力。

- 注意自己是否表现得敏感烦躁，想一想这是为什么。

- 不要强迫自己去与对方身体接触，你需要时间让自己慢慢放松。

- 注意一些重要信息，比如他或她如何处理冲突，你是否觉得他或她太过被动或太有侵略性。

- 留意自己是否有任何不舒服的感觉，比如愤怒、恐惧或厌倦。思考这些感觉向你传递了什么信息。

第一次约会

正式约会快开始了。你可能既兴奋又紧张。没关系，保持这种好奇的状态，想一想，今晚可能会发生些什么？对约会对象保持一点好奇，这会让你不那么紧张。请这样对自己说，我的身体可能会有点兴奋，这跟害怕没有一点关系。记住保持均匀的呼吸。

在约会过程中留意自己的精力。在那个人身边的时候，你是觉得充满活力还是精疲力竭？你是否虽然玩得很开心，但能量水平却直线下降？如果是这样，向约会对象解释自己虽然觉得很开心，但实在有些累了，需要尽快结束这次约会。注意他或她在多大程度上理解你的心意。

下面再介绍一些帮你顺利约会的方法：

★ 注意休息，逐步调节能量的消耗。告诉自己，你的约会对象并不是故意让你耗空能量的——大多数社交活动都会让你精疲力竭。

★ 避免在心中批评外向型约会对象快节奏的反应速度和行事风格。

★ 问问你的约会对象如何度过闲暇时间。

★ 注意你的约会对象是否问你任何问题。他或她是否一直在说话，而你一直在听？判断他或她是否是一个好的倾听者。

★ 你的约会对象是否只是倾听，但不谈论他或她自己？

★ 开心点。约会用不着太严肃。

三种个性组合夫妻及其共处艺术

婚姻的目标是和而不同。

——罗伯特·多兹

在心灵深处，我们都是社会的动物。虽然我们都想获得独立，但也渴望拥有人生的另一半。即使在离婚率高达 50% 的美国，多数离婚者还是会寻找新的伴侣，并在数年后重新迈进婚姻殿堂。伴侣们都想在亲密关系中获得满足，只是对于不同的人来说，"满足感"的含义完全不同。下面的内容也许能帮你搞明白什么是你认为的满足感。

婚姻关系从来就不是一件简单的事。即便是相处融洽的夫妻，也有可能出错。个性差异更会增加犯错的可能性。各种原因都有可能引起误解。因此对我们来说，意识到"差异并不致命"这一点很重要。差异是一个中性的概念。在婚姻关系中，这些差异最终会落实在具体的行为和表现上。一个人行动缓慢，另一个人行动迅速；妻子喜欢在家睡觉，丈夫想要起床出发；丈夫不喜欢社交，妻子想把整个家族的人请来做客……这些差异没有好坏之分，关键在于你怎样**理解**它们。这些差异可以给你们的婚姻关系增添情趣，也可以让这份关系分崩离析。

那么，究竟是什么让亲密关系之树常青呢？约翰·戈特曼（John

Gottman）博士从事亲密关系研究超过 25 年。他认为，伴侣处理**分歧引起的冲突**的方式决定了婚姻的持续时间和内心的满意程度。事实上，将差异看作强化婚姻关系的机遇是有好处的。若夫妻双方将对方的行为视为拒绝自己或攻击自己，而不认为这是由于对方是另一种性格或人格，他们的关系就会迅速恶化。"你知道我讨厌你打断我说话，你根本不想听我的意见。"内向的丈夫会对外向的妻子这样说。如果不能改变差异，那就不妨发明"新舞步"来解决冲突。我们需要学习如何进入和退出伴侣的个人空间，知道什么时候该自己领舞、什么时候让对方带头，以及适应不断变化的婚姻关系的步伐。

我将描述三种夫妻个性组合：内向男 / 外向女、内向女 / 外向男、内向男 / 内向女。每种组合都有它所面临的挑战和优势，这三种组合的夫妻们在生活中都可以通过善意的体贴和互动来增进夫妻感情。

内向男 / 外向女：挑战型夫妻

文化环境对亲密关系的进展影响深刻。比如，当男性是外向者而女性是内向者的时候，冲突往往就会发生。不过，研究表明最严重的冲突往往发生在相反的组合中，即男性是内向者，而女性是外向者。这种组合与我们的社会背景相抵触。内向型男性会感觉受到了来自外向型女性的压制、威胁和忽视。而外向型女性会认为内向型男性天性安静意味着软弱顺从，不能保护自己。他们会感到孤独，这段关系没法给予他们足够的情感抚慰。这类夫妻能够解决他们之间的问题，但是无法改变彼此深藏的个性气质。

不久之前，安德鲁和布鲁克找我咨询，他们的婚姻关系变得十分紧张，发现很多棘手的问题。几分钟后，我认定他们为一对"内向-外向"的夫妻组合——安德鲁性格内向，而布鲁克十分外向。

我问安德鲁他认为夫妻关系中最令人沮丧的是什么。他说："我只是不明白，为什么我们不能享受家的舒适，放松下来……""你只是在逃避。"布鲁克打断了他。然后她补充道："你真是个懦夫。"安德鲁低头看着地板，不再说话。"布鲁克，"我说，"我想听听安德鲁对这个问题的看法，然后再听听你是如何看待这件事的。"报时的钟声持续了好几分钟，直到安德鲁再次开口："我只想放松一点儿，少点儿折腾。"他低声说，眼睛没望向布鲁克。"布鲁克，"我说，"你能解释为什么放松下来对你来说很难吗？""像睡在棺材里似的。"她瞪着安德鲁说。"我倒是觉得自己生活在龙卷风里。"安德鲁回击道。

安德鲁和布鲁克的真正问题是，在冲突中他们都会觉得自己有问题。一方面，安德鲁暗自觉得他应该加快生活节奏；另一方面，在公路休息站，布鲁克都不敢稍作停留。他们对自己的个性气质感到羞愧，进而表现为逃避和抱怨事情。他们不认为自己是可爱的，值得被爱。

你可以看到这种模式是如何在亲密关系中造成严重问题的。那么，这样一对夫妻怎样消除分歧，就像跳舞时不踩到彼此的脚呢？这需要奇特的"步法"和一定的诚实。

布鲁克和安德鲁需要开诚布公地谈一谈婚姻关系中体验到的失望，以及他们对彼此的期望。诚实地讨论自己的尴尬和羞耻是十分痛苦的。安德鲁可能对自己的焦虑和恐惧感到不自在。布鲁克可能因为安德鲁缺乏传统的男性特质而不舒服。但夫妻双方只有通过敞开心扉，讨论他们基于文化传统对男性和女性抱有的期望，他们才能在**他们的**关系中确定自己的角色，并采取必要的措施来维护它。在平等的婚姻关系中，夫妻双方都试图适应对方的需求，并满足他们的需求。只有这样，两个人才能感受到来自对方的认可和关心。下面只是一些基本的建议，你可以根据自己的实际情况做出调整。

安排多次夫妻对话——记住讨论中不要打断对方。约定开始和结束的时间，比如每周三晚上 8 点，持续 4 周，下周就可以开始。为了奖励自己，你们可以分享最喜欢的甜点，或者去看一场电影。**永远要准时结束**。完全按约定行事可能比只是听听要困难很多。如果你们遇到了麻烦，讨论一下可能的原因。有时候，谈论情绪、感受和看法可能是令人恐惧的。承认这一点，然后重新开始。

第一次讨论

★ 谈谈你们双方如何看待自己在婚姻关系中扮演的角色，每人大约花 15 分钟。

★ 谈论双方父母在婚姻中扮演的角色。

★ 只谈论你自己的观点；让你的伴侣谈论他或她的观点。

★ 用自己的话重述伴侣的观点，每个人大约 5 分钟。

★ 和您的伴侣讨论，您认为他或她观点的总结在多大程度上是准确的。

★ 重新讨论不准确的地方。

★ 感谢伴侣的参与。

第二次讨论

★　谈论你认为自身扮演的角色有何长处和短处，每人讲 15 分钟。例如，作为丈夫的你可能会谈到你是如何将自己的思想和观察带到婚姻中的，但因为不谈论自己的感受而使交流受限。作为妻子的你可能会谈自己为这个家做出了多少贡献，但因为不愿意放慢生活的脚步而减少了夫妻之间的亲密。

★　用自己的话重述伴侣的发言，澄清有误解的地方。

★　用 5 分钟时间，讨论现在感觉如何；如果你不确定自己的感受，停下来稍作调整。

★　重述你心目中伴侣的感受：害怕、沮丧、兴奋、疲倦，等等。

第三次讨论

★　每个人选择两种方式来改善**自己在婚姻关系中的角色**。例如，妻子之前可能争强好胜，于是需要在这方面做出一些调整，减少苛求，要善于倾听，学会放松自己，或者适当地让丈夫领导自己。丈夫可以变得更加开放，改变总觉得自己犯了错的思想倾向，偶尔当一下领导，或直面妻子的批评，感到不知所措时放轻松。

★　约定在下次讨论中，谈谈自己在改善行为方面的进展。

★　如果你发现伴侣退回从前的行为模式，**不要**谴责他或她。

★　赞赏自己勇敢地做出了改变的决定。**你真棒!**

第四次讨论

★　汇报改变的进度。

★ 谈谈你最喜欢伴侣身上的哪些做法，每人 15 分钟。例如：我喜欢你倾听的方式；我喜欢你对我讲正在阅读的书；我喜欢你去看话剧的建议。

★ 用自己的话重述伴侣的发言，澄清有误解的地方。

★ 10 分钟头脑风暴，想出符合两人个性气质的约会方案，例如，参观当地的历史博物馆，去电脑卖场试玩新游戏，漫步玫瑰园，光顾新开的夜店……

★ 谈谈你对于伴侣选择的活动的想法和感受。约定一个日子，下个月去执行，两人的想法各选一个。

★ 把活动日期记在日历上。

★ 主动规划你们的约会之夜（或约会之日）。

★ 恭喜你们自己。这件事十分有趣，但也十分辛苦！

有实践经验后，接下来继续讨论你们之间的关系。交流是个循环——你们之间的交流是平等的有来有回的交流，还是一个人主导所有的谈话？如果一个人在交流中占主导地位，讨论一下怎样帮助另一个人更好地参与进来。例如，性格内向的丈夫可能会告诉他的伴侣，希望她讲话慢一些，给他留出反应的时间。性格外向的妻子可能会说，如果听不到丈夫的想法，她就会感觉夫妻关系有裂痕。妻子可以描述听他讲话时的感受：焦虑、散乱、沮丧，或者感觉时间过得很快、兴趣盎然……丈夫也可以描述讲话时的感受：紧张、把自己暴露出来了，或者是愉快。试着用另一个人的节奏度过某一天，这是一种很好的练习。如果你真这样做了，注意过程中的感受：不舒服、仓促、无聊、沮丧，或者很放松？安排多次谈话，选择你们感兴趣的话题，比如如何处理夫妻冲突，或者二人在精力上的差别是什么。别忘了谈谈婚姻关系中积极的方面。记住，你们的婚姻关系有其独特的优势，好好享受吧！

机遇和挑战

内向男 / 外向女夫妻的优势有以下几点：

- 与传统婚姻模式相比，妻子更强势。
- 丈夫会倾听妻子说话，并重视她的观点。
- 丈夫承担领导责任的压力较小。
- 双方都有自己的私人空间，并且会平衡彼此的活跃程度。

内向男 / 外向女夫妻的挑战有以下几点。

- 在这段关系中，丈夫可能会感到不知所措，或难以招架。
- 妻子的情感需求得不到满足，可能会变得苛求。
- 妻子可能会为伴侣感到羞愧，认为他软弱被动，或者总是在逃避问题。
- 丈夫的自尊心可能会下降。

内向女 / 外向男：异性相吸

生活就是如此，相反的事物总是围绕着平衡点左右摇摆。

——D.H. 劳伦斯

内向女 / 外向男是最常见的夫妻混合个性组合。这样的组合也有其棘手之处。记住，我们所有人都处在内向-外向连续体的内部。如果我们一整天都处在起主导作用的那一面，适当时，我们或许可以切换到非主导作用的那一面。这种变换在内向女 / 外向男的组合中相当明显。外向的丈夫往往在工作中就满足了自己的外向性需求，所以回家后就想静静地待着。此外，他还觉得亲密的谈话令人很**不舒服**。另一方面，内向的妻子又希望他能满足自己外向性的需求，因为那样和他在一起感到十分舒适。她**渴望**亲密的对话。于是，表面上看丈夫似乎成了内向的，妻子反倒是外向的了。她想要交谈，而他想要安静。不管人们在别人的眼中表现得如何，恢复能量的基本方式都能够揭露他们的气质类型是内向还是外向。

杰克和丽莎刚刚生下第二个孩子。他们找我的原因是他们一直争吵不断，找不到解决的办法。两个人都精力充沛，能言善辩，极富幽默感。他们共同经营着一家规模不断壮大的精品贸易公司。他们都对彼此感到失望，并且不堪重负。巨大的压力像乌云一样笼罩着他们的生活。

人类生活的普遍模式在这个例子中展现得淋漓尽致。压力或危机会揭露我们应对事件的方式。这也是生活中的重大事件（有好也有坏）——比如死亡、婚礼、装修、大病、升职、孩子离家出走——为什么会伴随着离婚的原因。如果夫妻两人不能携手适应这些变化（压力），他们之间的关系就会开始恶化。

在第二个孩子出生之前和工作负担加重之前，杰克和丽莎形成了互补性的工作关系，他们并不是有意识地根据个性差异来作出区分的。杰克性格外向。他负责销售工作、商业洽谈、售后服务。丽莎性格内向。她负责员工管理和杰克的日程安排。她主要在家里工作，一周去几次办公室。丽莎的女性朋友和创造性的工作能够满足她的情感需求。她对杰克的要求不多。而杰克则在外面打拼，一直处于自己的情感舒适区中。他有大量的自由时间会见来访者、打高尔夫球、商务旅行，还是丽莎呵护的宝贝。

他们过去形成的分工关系与他们的性格相契合，但现在这种局面被打破了。即使花钱请了保姆照顾孩子，丽莎还是需要减少在公司的时间，增加在家照顾孩子的时间。她需要杰克的情感支持。另外，不断增加的家庭和工作压力使杰克陷入困境。他觉得丽莎不在乎他，因为她不想在办公室里帮他工作，而是一心扑在孩子身上。他很清楚自己并不擅长组织管理工作，也害怕接手丽莎的一些工作。丽莎则在工作和家庭之间疲于奔命。杰克焦虑不已，时时都在担心。他们需要采取紧急措施了。

首先，丽莎和杰克不应该因为当前的关系状态而责备自己或对方。关系模式的改变是一件很难的事情。不过，机会总是伴随着挑战出现——新的境遇给了两人成长的机会。杰克有机会提高处理人际关系的能力和管理技能，并学会在焦虑的时候自我调整。丽莎可以请求他人的帮助，向他人倾诉自己的烦恼和困惑，而不再内疚。

下面是为杰克和丽莎提供的一些有用的小建议。记住，人的成长总是循序渐进的，往往进两步退一步，然后再进两步。

你们首先要意识到，两个人都需要做出一些改变：

★ 讨论两人的性格差异和生活变故对两人生活的影响。比如说，性格外向的丈夫可以向伴侣说明让他觉得紧张的事情。性格内向的妻子可以解释她如何感到被遗弃，并且还要独自一人承担家庭的重担。

★ 讨论一下哪些措施能够帮助你们做出改变。比如，妻子可以向丈夫解释自己为什么需要安静的时光，需要丈夫倾听自己，分担家务。丈夫可以聊一聊，他怎样才能在工作和家庭的需求中找到平衡。

★ 不要带着责备的心态，单纯地讨论彼此的需求。责备是伪装的恐惧。坦诚地说出自己的需求能减轻这种恐惧。试着使这种协商实现双赢，两个人都能得到自己想要的，也都适当做一些退让。丈夫应当告诉妻子，如果他说话像是在指责她，她可以提醒自己。妻子则应当警惕，不要觉得自己对夫妻关系的所有问题都负有责任。

★ 坐下来，面对你的伴侣，手牵着手，各自发言 3 分钟。仔细倾听，总结你听到的话，确认自己的理解是否准确。

★ 提醒自己，你们各自都为这场婚姻关系带来稳定的因素：一个人使你们放松下来，另一个人使你们充满活力。

★ 丈夫应当练习说出自己的恐惧和软弱，妻子应当练习讲出自己遇到的挫折，以及对生活的失望。

★ 平衡好二人世界和与亲友聚会的时间。

★ 每周为彼此计划一个小惊喜——在对方的车里放上最喜欢的零食和爱心便签，在枕头上放一颗薄荷糖，或为对方做足底按摩。

优势和挑战

外向男 / 内向女夫妻的优势有以下几点：

- 妻子会倾听丈夫的想法。

- 丈夫会鼓励妻子活泼一些，参与社交活动。

- 妻子拥有更多自由，因为丈夫一般不需要她陪伴。

- 丈夫拥有更多的自主权，因为妻子喜欢独处。

外向男 / 内向女夫妻的挑战有以下几点：

- 丈夫缺乏亲密关系方面的技巧。

- 妻子可能会对自己的想法和感受闭口不谈。

- 丈夫可能会将婚姻关系中所有的失败归咎于妻子，妻子会接受这样的责备，或者干脆无视它。

- 妻子没法直接提出自己的需求。

内向男 / 内向女：携手对抗全世界

孤独适合偶尔来体验，而非长久逗留。

——乔希·比林斯

我所采访的许多内向男 / 内向女夫妇都对现状非常满意。他们会讲述这样的情景：两人在大雪纷飞的冬天，坐在一起静静地阅读；一起玩拼字游戏，度过愉快的夜晚；一起在林中漫步，或者共同参加音乐会。

许多夫妻觉得他们比在原生家庭更为轻松，压力更小。我很怀疑两名内向者能够组成美满的夫妻。即使他们对这种关系很满意，但有时候好得过头反而乏味无趣。

有一对双方都内向的夫妇找我做心理治疗，他们已经在一起生活7年了，对这段关系开始感到无聊。帕特说道："每天晚上都是老一套，两个人待在家里看电视或者读书。"托妮表示同意："我觉得和帕特一起做任何事情都很有压力，有时候我宁愿和朋友出去。"这就是内向男/内向女关系中可能会出现的一个问题：外界刺激少，朋友也少。而且，在需求和期待的强大压迫下，夫妻关系是不可能很好地维持下去的。

优势和挑战

内向男/内向女夫妇的优势有以下几点：

- 他们能够用心倾听对方的心声。

- 他们有耐心把事情想清楚。

- 他们了解彼此对隐私和安静的需求。

- 他们很少发生冲突。

内向男/内向女夫妇的挑战有以下几点：

- 他们可能会失去与外部世界的联系。

- 他们可能就他们自己而言来看待任何事情。

- 他们可能会避免讨论存在的冲突、差异和各自的需求。

- 因为有太多的情感需求，因此他们可能会太过依赖对方。

想想 20 世纪 30 年代的马拉松式的跳舞吧！男女舞伴要不停地跳，为了坚持到最后赢得奖金，他们甚至学会了站着睡觉。他们一圈圈地旋转跳跃，直到其中一人精疲力竭。在内向男 / 内向女关系中，一方或双方都可能会麻木或者死气沉沉。如果他们已经习惯了一起做任何事情，单独度过闲暇的时光就会让他们胆怯。即使他或她已经感到无聊，离开伴侣单独去冒险仍会令其感到不安。

如果一对伴侣这样生活太久，当压力突然降临时，比如生病、生孩子或失业，他们的关系都可能会破裂。拒绝正视固化的两性关系，这使我想起芭芭拉·艾博丽（Barbara Emberley）的一本获奖图书《鼓手霍夫》（Drummer Hof）。这是一本引人入胜的童话，配有风格明快的木刻插画，讲述了士兵们带来各种零件组装一门大炮，并成功开火的过程。大炮装好，大家的期待和热情逐渐高涨，兵士推来炮架，中士倒入火药，上尉带来夯锤……最后鼓手霍夫喊道："开火！"最后以一声巨大的爆炸声结束。

有时候，一对内向男 / 内向女型夫妻会对存在的问题视而不见，直到外部事件迫使他们从自以为是、习以为常中惊醒。通常情况下，这会使夫妻关系走到尽头。如果一对夫妇发现他们已经陷入这种单调乏味的模式，不妨在关系破裂之前试着共同走出困境，这样会有更大的机会挺过外界压力。

下列建议能帮助这样的伴侣迈出第一步：

★　停下脚步，考虑你们的关系是否陷入了泥沼。问问彼此，你们是否感觉走不下去了？

★　每周与朋友或另一对夫妇见面，扩大社交圈子。

★　多出门。每月约会一次，两人轮流安排约会内容。

★　展现你们的个人魅力——夫妇有各自的朋友和兴趣是健康有益的。

★　谈谈两人的不同之处，以及这些不同对夫妇关系有何帮助。

★　注意你是否因为夫妻关系缺乏乐趣而责怪伴侣；轮流当"火花"（刺激对方的兴趣点）。

★　你可以有自己的私密想法。它们与破坏性的秘密（如出轨）不一样。

★　谈谈你们在低落时刻的需求。它们是相似还是不同？

★　安排不同寻常的活动，去没去过的地方，去新餐厅用餐，吃对方最喜欢的冰激凌，或者打保龄球。

★　如果冲突到了令人恐慌的地步，请阅读本书第132页的技巧二，练习解决冲突的沟通技巧。

★　问问你的伴侣是否有一些秘密的愿望想要实现，然后帮助他或她去完成。例如，如果他或她一直想去尼泊尔，你可以查查相关资料。如果她梦想去蓝带国际厨艺餐旅学院，你可以在当地烹饪学校为她报名法餐课程。

夫妇共舞

每个人眼中的月亮都不一样。

——弗兰克·博尔曼

结为夫妇后，你们马上就会意识到，维持亲密关系需要技巧和不断的学习。下面的 5 条小技巧能够改善内向者和外向者的相处与磨合。记住，世上没有完美的夫妻关系。直到迈入坟墓之前，我们都可以继续改善夫妻关系。

技巧一：换位思考

在第一章里，我提到了和迈克尔在拉斯维加斯的经历，还记得吗？外向的迈克尔在酒店大堂里不停走动。他看见霓虹灯和熙熙攘攘的人群，听到笑声和硬币的叮当声，闻到旁边餐厅丰盛自助餐的浓郁香气。从酒店的倾斜电梯到房间，一路上的新奇体验让他激动得浑身颤抖。他已经在期待晚上令人兴奋的活动所带来的"刺激"了。

作为一名内向者，我感受到的现实完全不同。闪烁的灯光使我睁不开眼睛。从钢爪中噼啪落下的硬币声震耳欲聋。我的呼吸道被烟呛住了。

在狭窄的通道中，别人的身体紧紧贴着我。我想逃走。我踉跄地走向了电梯，然后走进房间。

在不知情的情况下，夫妻各自戴着自己的气质眼镜进入亲密关系。镜片是由基因、生理特征、养育方式、感情经历、社会阶层、教育状况和朋友等因素共同研磨而成的。每个镜片都是量身定制的，因此每种视野对于佩戴者来说都是真实和准确的。但也只限于那个人。对于健康的关系来说，要点在于，你要意识到自己正透过**自己的镜片**看待生活。

如果我们认为自己的观点才是**正确的**，那么夫妻关系就会遇到困境。迈克尔在拉斯维加斯的经历是错误的吗？不是。那我的经历是**错的**吗？不，每个人都是**对的**——对自己来说都是对的。迈克尔和我都戴着独一无二的眼镜。我们只能拥有自己的经验。

在成长过程中，许多内向者所处的文化背景都推崇脑子快、说话快的人，并认为他们是值得效仿的。如果你和一个外向者处于亲密关系中，你可能会认为伴侣才是以"正确"的方式行事。多年来，许多访谈或合作的内向者都这样跟我说过。他们对我说："我不能迅速回答别人的问题。我是不是有什么问题？"不，并没有。外向者——甚至还有那些对自身语言迟钝感到羞耻的内向者——都可能会对你不耐烦，甚至认为你不回答问题是藏着掖着。但是，你现在知道自己的大脑不一样了，于是就能从另一种视角看待问题。这有助于你确证自身的价值。

在充分了解自己看待事物的方式后，我们就可以去理解伴侣的视角了。什么东西会使我们想要了解别人眼中的生活呢？好奇心。"我想知道"，这是一句有力量的话。"你有什么感受？""告诉我，你喜欢它的什么？""你的性格跟我不同，这是怎样的感受呢？"关系因好奇心而拓展和成长。

迈克尔喜欢县城里的集市。你大概能想象到，有那么多人和各种嘈杂活动的集市并不是我的最爱。每隔几年，本着对婚姻的善意，我会同意与他一起去。于是，前些日子，我们驱车前往加州海岸，参加文图拉展览会的闭幕日。我不禁幻想，集市爱好者们也许都已经走了，只剩下零零散散的参观者。可是，我想错了。在耀眼的午后阳光下，如饥似渴的人们挤满了场地。我们排着长队买油腻的零食，然后等待进入老旧肮脏的休息室。在科学馆里，我们观看了雪花结晶并吹向观众的过程。在充满动物气味的谷仓里，我们看到一头母猪在给哼哼乱叫的小猪喂奶。

但是，我在四健会牲口棚得到了拯救。在那里，人们正在进行山羊评奖。这里几乎没有什么人——刚好达到让我兴奋的程度。年轻的山羊主人在栅栏附近牵着四只白羊。三位选手的闪亮皮毛都是棕褐色和珍珠白色相间，小小的尾巴像感叹号一样竖着。而第四只山羊却是灰白色的，小小的疙瘩形尾巴夹在双腿之间。它看起来平静而不显眼，皮毛上有几个尴尬的洞，好像被蛾子咬过似的。我很惊讶它竟然能够参加比赛。最后，评委发出了白色、粉色、红色和蓝色丝带。最后，我认为最不可能成功的那只夹着尾巴、毛皮像被蛾子咬过似的山羊得了一等奖。它凭借冷静的举止拔得头筹。这是内向气质的另一个成功案例，因为——相信我——它绝不是靠外表取胜的。

在我们离开的时候，我问迈克尔："真的，我想了解你对展会的看法。你喜欢它什么？""好吧，"他说，"我觉得吧，我就是喜欢各个年龄段的人聚在一起，干自己喜欢的事情。就像 4H 牲口棚的孩子们展示自己养的动物那样。这些动物让我想起了自己在农场长大的时光，我小时候特别喜欢去展会，因为会有一种充满期待的感觉。"如果我没有站在迈克尔的角度看这次展览，我就会满心抱怨地离开，觉得那里气味难闻，空间拥挤，环境嘈杂。通过他的视角，展览会竟然也有趣起来了。离开的时候，我心中充满了对迈克尔的柔情，他就像个孩子，让我想要更多地了解他。今年我也期待着去县里的集市，停留时间别太长就好。

技巧二：五步解决夫妻冲突

只有僵死的关系才没有冲突。无论你和伴侣是什么性格，下面的 5 个步骤都能帮助你解决夫妻间的种种问题。我将使用本章前面讨论过的安德鲁、布鲁克的例子来讲解。

第一步：依次陈述冲突点

安德鲁这样解释他的想法："我想待在家里，享受一个安静的夜晚，就我们两个人。我累得要死。布鲁克却似乎不想花时间陪伴我。"布鲁克说："我想周末与朋友一起玩。我不明白为什么安德鲁不喜欢我的朋友。我感到被困在了家里，好像整个周末都浪费了。"

第二步：用内向／外向的观点来看待冲突

我问安德鲁和布鲁克，他们觉得内向和外向气质对冲突有何影响。布鲁克说："我觉得需要一种活跃的感觉。待在家里会怅然若失。"

安德鲁说："干了一个礼拜的活，我感觉已经消耗了太多的能量。我该加油，该充电了。"

第三步：澄清僵持点

"那么，问题在于需求不同，"我说，"安德鲁，你的需求是休息；

布鲁克，你需要做让自己兴奋的事情，比如和朋友吃饭。如果彼此不明白对方的需求，你们就会感觉受到了伤害，以为对方在针对自己。"

第四步：从对方的角度看问题

我对安德鲁说："布鲁克担心在家里待得太久会使精力得不到补充。你明白吗？她的能量来源是参加活动和社交。她不是想摆脱你。"我又转向布鲁克说："安德鲁感到非常疲惫，老往外跑让他不知所措。他对聚会的兴趣没有那么大。"

第五步：沟通并找出折中的办法

如果前四步都做好了，第五步就顺理成章了。"为了满足**双方的需求**，你们要如何计划周末？"我问道。布鲁克说："明白安德鲁不是在躲着我，我就感觉舒服了。周五下班后我可以和女性朋友出去玩，安德鲁可以回家。我们可以在星期六晚上一起看电影，然后周日晚上和朋友聚一聚？"我又问安德鲁的想法。"我现在知道布鲁克并不是更喜欢跟朋友在一起，而是更喜欢跟我在一起。你的建议听起来不错，只要周日晚上把时间控制好，比如布鲁克可以将见面时间定在 5 点到 9 点。"布鲁克同意了。两个人再次认识到，他们是想要两人共处的，从而减轻焦虑感。当他们发现自己可以学着满足对方的需求时，双方就都轻松下来了。

技巧三：弥合差异

无论你是在约会，还是处在一段确定的关系中，内向者和外向者之间沟通最重要的是，认识到双方的表达方式因气质差异而有所不同。一个人觉得太浅白了，另一个人觉得是天书，这种情况很常见。这两种风格不存在对错之分，而是各有优劣。了解这两种风格之后，你们便可以"翻译"对方的表达，开始携手前进。现在我来具体讲解。

内向者的交流方式

★　将能量、热情和兴奋留给自己，或者只与非常熟悉的人分享。在分享个人信息之前犹豫不决。

★　回答前需要时间思考。回应外界事件前需要时间反思。

★　倾向一对一沟通。

★　需要点名或邀请才愿意发言，而且可能更喜欢书面而非口头形式。

★　偶尔会认为自己告诉过你一些事实上还没有告诉你的事情（他们脑子里总是在想事）。

外向者的交流方式

★　与身边的所有人分享他们的能量、兴奋和热情。

★　快速回答问题，回应外部事件。

★　轻易分享个人信息。

★　不论是一对一沟通，还是在人群中交流，他们都得心应手。

★　将想法大声表现出来，与他人互动，并在此过程中得出结论。另外，他们通常不会给别人说话的机会，说话也不总是特别当真。

★　比起书面交流，他们偏爱面对面的口头交流。

如何与内向伴侣交谈

如果你性格外向，而伴侣性格内向，不妨试试下面的沟通方法：

★　约定一个日期，讨论你们两人如何更好地相处，给内向者提前思考的时间。

★　不要打断对方。内向者被打断后重新开口要耗费额外的能量。先听听你的伴侣说了些什么，然后再谈谈你的想法和感受。

★　说话之前先数 5 个数，想好了再说。内向者会记住你说的每一句话。

★　重复伴侣说过的话，表明你在认真听。问问对方，你的总结是否正确。

★　学着安静地坐在伴侣面前。请记住，他或她可能已经耗尽能量，但仍想和你在一起。

★　你的伴侣是很好的倾听者，但要确保他或她有发言的机会。

★　询问伴侣过得怎么样。有的时候，他或她需要从思考中抽离出来。

★　偶尔以书面的形式交流。对内向者来说，文字信息能减少过度刺激的可能性。在电话机旁留下一张卡片，在午餐盒、手提箱、公文包、口袋里或枕头上放一张便条。

★　享受休息的时刻。深呼吸，就这么坐着，共同体验独处的感觉，体会伴侣的生活节奏。

★　你的伴侣发言时需要很多能量，对此你要表示理解。

★　使用非语言方式的交流——飞吻、人群中眨眼、紧握双手、拥抱。

如何与外向伴侣交谈

如果你性格内向，而伴侣性格外向，不妨试试下列方法来改善沟通：

★　告诉伴侣你有话要说，定好日期和时刻，设置提醒。

★　练习使用简短、明确的句子，这会让外向型伴侣更容易听进去。

★　必要时，不要害怕叫喊或大声说话。你可能会觉得刺激过度，但有时除非你大声说，否则外向型伴侣不会觉得你是认真的。

★　练习想到什么就说什么，不要总是在脑中排练。

★　允许你自己暂停一下，不需要紧跟着外向伴侣不间断的步伐。

★　告诉你的伴侣，你**知道**等待对于他或她来说很艰难，但你需要花时间做出决定，而且你并不总是能说出自己的想法。

★　如果你对某个问题有强烈的感觉，但是在讨论时遇到困难，请写下来并交给伴侣。

★　如果在产生分歧之时或产生分歧之后，你感到刺激过度，不要担心。有感觉并不是坏事。无论如何，它们最终都会消失的。

★　告诉伴侣你对他或她的感受。人们很容易忘记这一点。你的伴侣希望自己是受到关心的。你可以留便条、发送电子邮件、亲吻，这都可以。还有，别忘了赞美对方。

技巧四：轮流掌握主导权

如果伴侣中有一方总是说了算，那么关系肯定不会顺利。如果两人都觉得他们得到了想要的一些东西，那么关系就会顺利发展。否则，怨恨就会增加。同时，有时感到失望是一件好事，能锻炼情感的韧性。没有人能够在不经历失败或失望的情况下度过人生。通过忍受这些感受，有意识地思考，并做出行动，你的"品格"（Character）就会逐渐形成。这个词略微有点过时。有"品格"的人可以相信自己，而且拥有健康的人际关系，因为他们知道自己可以承受生活的起伏。

通过考虑各自的需求，你们就可以成为关系健康的伴侣。学习如何沟通和谈判是持久关系的标志。具体可以参照以下内容：

★　如果你需要休息，要让伴侣知道你的需求。询问伴侣想不想"兴奋"一下。

★　制订计划时，要考虑内向／外向在能量方面的差异。

★　不要批评或理想化身为内向者或外向者的事实。

★　了解哪些征兆表明伴侣精力不足（内向者的征兆是易怒或疲倦；外向者的征兆是缺乏刺激而烦躁、无聊或没精神）。谈一谈如何告诉对方自己"电量过低"。

★　让外向的伴侣成为关系中的"侦察员"，并带领内向的伴侣开始新的冒险。

★　协商花费在社交活动上的时间；开两辆车，或者找朋友送你或你的伴侣回家。

★　平衡一起做的事和分开做的事。

★　当你的伴侣在做一些他或她并不喜欢做的事情时，你要认识到这一点。

技巧五：欣赏你们的差异

我把最好的技巧留到了最后。与一名外向者共度几十年后，我吸取到一个宝贵的教训——欣赏我们的差异。因为不论遇到怎样的路，迈克尔都想开车去兜风，所以我们走过许多路，包括土路，甚至是夏威夷岛内的河床。在这种地方，租车保险可不报销。我很高兴有机会窥探伴侣的外向世界。他向我展示了郁郁葱葱的高尔夫球场的宁静，并将我介绍给一群我以前从未见过的人。迈克尔的个性大大丰富了我，我的个性也一样丰富了他。我了解到，我的世界与他的世界有很大不同，这并不意味着我的世界或他的世界有什么问题。

如果我们是同样的类型，世界就太平淡乏味了。我们需要彼此的**所有强项和弱点**来充实生命。我们享受各自为生命带来的一切，并借此成长。保持良好关系的最佳方式之一就是彼此**欣赏**。

有时内向者很难表达对伴侣的欣赏。他们甚至不知道为什么要大声说出来。而性格外向的人则忙忙碌碌，四处奔波，可能也会忘记感激自己的家人。

欣赏伴侣能创造奇迹。因此，拿出一周的时间，每晚从下列主题中选一个出来，记下你的想法，然后与伴侣分享：

- ★ 你最喜欢伴侣身上的哪一点。
- ★ 描述一种你认为宝贵或可爱的习惯或品质。
- ★ 描述一个你特别喜爱的他或她的身体特征。
- ★ 记录你们在一起的快乐时光。

★　回想你们在一起的浪漫时光，并说出它给你带来的感受。

★　讨论伴侣今天做了什么让你高兴的事。

　　在你完成上述练习一周后，你要决定是否下一周也要如此。想一个你自己的主题句。你虽然喜欢这个练习，但还是决定停下来，如果是这种情况，请谈谈理由。有时我们会因为过度的刺激而失去美好的体验。

结语：思考胜过不假思索

知识是没有止境的。看看你在 Z 后面还能发现多少新字母吧！

——苏斯博士

内向型性格和外向型性格以多种方式影响着两性关系。知道了你和伴侣的性格气质，你便可以更好地认识不同风格对于情绪的影响。你们两人都可以静心思考希望关系如何发展，而不是单纯地作出反应。无意识的关系会产生距离感和痛苦，并使你们错过亲密的时刻。如果没有意识，我们只会单调重复，就像滚轮里的仓鼠。改变模式很困难，但它所建立起来的情感能力永远都属于你。有时这个过程甚至会很有趣。

- 约会需要很多能量；请记住，这是一个过程。

- 每个人都是从自己的角度看待世界的。

- 每对情侣组合都有优势和面临的挑战。

- 冲突总能解决，你们需要更轻松地交谈并彼此欣赏。

第五章 | 教育子女：他们做好准备了吗？

儿童不是待塑造之物，而是待展现之人。

——杰丝·莱尔

育儿是一项复杂的全天候工作。这需要很多精力，还要处理很多压力，尤其是在家庭成员气质各有不同的情况下。了解每个人的性格——如何恢复精力、处理信息等——可以提高家庭成员的信心和协作能力。

当家庭成员在彼此交往中不考虑彼此的性格气质时，他们可能会动力不足、脾气暴躁、自尊心缺乏，每个人都感觉很糟糕。

首先要做的是确定家人各自的性格气质。如果你是逐章读到这里的，那就应该已经知道你和伴侣是落在内向–外向连续体的哪一个位置。否则请回到第一章，做第28页的自测。前一章的主题是两性关系，能帮助你了解自己和伴侣处在内向–外向连续体的哪个位置。本章的主题是子女的内向气质和外向气质，这样你就会对全家有一个完整的认识了。

你的孩子是"内向者",还是"外向者"?

　　你的孩子具有什么样的气质类型?为什么了解你和孩子们的气质类型能帮助你们更好地理解自己的先天特质?你越了解孩子的**天性**,就越能使这些品质**转化成**你孩子的优势。在《棘手的儿童》(*The Challenging Child*)一书中,斯坦利·格林斯潘博士指出:"孩子们的自然天赋差别极大,他们会如何运用这些天赋呢?父母对此能产生很大的影响。"作为父母,我们不断调控孩子的自然禀赋与后天养育之间的相互作用。你越了解子女的生理和情绪信号,就越能帮助他们应对自己的气质,他们也越能够利用自己的气质来过有意义的生活。

　　一边想着自己的孩子,一边阅读下表。他们可能非常内向,非常外向,或者介于两者之间。如果你意识到他们因为外向或内向的性格而承受压力,那就要注意了。请记住,由于强烈的文化偏见,许多孩子面临着一种迫使他们变得外向的压力。的确,我们每个人都可以运用性格中非主导的那一面,但是这样做会耗尽精力,最终倍加疲惫。

　　如果孩子的主导性格是内向的,他们可能会有以下几种表现:

★　在加入活动前要观察倾听。

★　深入关注他们感兴趣的主题。

★　享受单独待在房间里的时光,通过反思给自己补充能量。

★　仔细思考后再发言。

★　有强烈的个人空间感，不喜欢别人坐得太近，或者不敲门就进入他们的房间。

★　重视私密，可能要别人询问才会表达想法或感受。

★　需要别人的支持，可能会有不合理的自我怀疑。

★　如果话题很有趣，或者他们和谈话对象相处得来，他们可能会很健谈。

如果孩子的主导性格是外向的，他们可能会有以下几种表现：

★　除了特定的成长阶段外，基本都是合群开朗的。

★　通过与人交往和参与活动来丰富经验。

★　愿意马上把自己的经历和想法说出来，主题很广泛。

★　边想边说。找东西的时候，他们会一边在周围走来走去，一边说，"我的球在哪里"或者"我要找对讲机"。他们需要说话才能做出决定。

★　喜欢相聚的时光，而非独处。

★　需要大量的赞同。例如，他们需要听到别人称赞他们做得有多棒，或者你非常喜欢他们的礼物。

★　偏爱丰富多样的生活，容易分心。

★　通常主动表达他们的思考或感受。

一定要记住，很少有孩子是极端的外向型或极端的内向型，有时内向型的人会表现得外向，反过来也是一样。

　　你是否能发现孩子在什么时候比较内向或外向，有无规律可循？记住，重点不是人际交往能力，而是恢复能量的方式。

　　卡拉是我的来访者，她的女儿伊丽莎白就在内向–外向连续体的中间位置。她内向一面的表现方式之一是，如果她**刚刚**从托儿所被父母接到，这时她往往一句话也不想说。卡拉跟我讲了自己如何应对女儿对安静时间的偏好。扣好儿童座椅安全带后，卡拉会给伊丽莎白一本她最喜欢的书，还放上配套的磁带。当磁带播放提示翻页的清脆钟声时，伊丽莎白会满怀欢喜地翻开她的图画书。卡拉说："我有时也会问她想听什么音乐。今天，我们是一路唱着披头士的歌回家的。"过了一段时间，伊丽莎白就想说话了，而且说个不停。

理解你的"内向孩子"

孩子就像没晾干的水泥，无论什么东西落在他们身上，都会留下印记。

——海姆·吉诺特

内向的孩子可能通过各种表现隐瞒自己的实质。他们的真实想法和感受要比向外界展示出来的更多。虽然这听起来令人费解，事实上他们所知道的通常比他们自己认为的更多。如果不明白自己的大脑是如何工作的，他们可能会低估自己强大的潜力。

内向的儿童通过收集信息来学习，然后需要安静的时间来处理这些信息——整合他们看到、听到和吸收的所有内容。当他们终于有了自己的想法，然后才会行动，或者用语言表达想法和感受。事实上，谈话可以帮助他们理解自己的思维方式。打断他们则会让他们忘记自己正在想的内容，并要花费额外的精力和注意力才能接上话头（还记得内向者的大脑通路比较长吗）。如果没有时间和空间阻止其他刺激影响性格内向的孩子，他们可能会"大脑一片空白"，并变得无法思考。

对于性格内向的孩子来说，大多数活动都在消耗他们的能量。如果你教会他们给自己充电的办法，他们就会发展得很好。下面给性格内向的孩子列举一些可以用来处理外界刺激和给自己加油的方式。

寻找私人时间

　　性格内向的孩子需要在日常安排一些私人时间。在这种时间里，他们消耗的能量更少。这时，你的孩子或许会一个人待着，或许只和一两个相处起来觉得轻松的人在一起，或者仅仅是从人群中逃离。在高度刺激的活动中，孩子们还需要额外的休息时间。西方文化重视人的外向性，许多儿童活动都是团体活动，但对于性格内向的孩子来说，独处的时间更重要。心情不好往往意味着他们需要休息时间（在《芝麻街》里奥斯卡总是不高兴的原因也许是他需要在垃圾桶中度过更多的安静时间）。

　　鲍勃是我的一个来访者。他9岁时，父母为他举办的派对规模有点太大了——30个孩子——让他兴奋过头了。父母之前给了他一只活泼可爱、黑白毛色的小狗作为礼物，而鲍勃在聚会刚开始的时候，就已经觉得氛围太嘈杂了。他告诉我："我不想让任何人碰我的小狗，它叫'蜘蛛侠'。我想让每个人都回家去，不要在我家里。我感觉好像有蚂蚁在我胳膊上爬行，于是，哭着跑回卧室，待了一会儿。爸爸把'蜘蛛侠'带到楼上，并和我轻声讲了几句话，然后，我就放松下来了，那些蚂蚁也走开了。"当鲍勃最终回到楼下吃蛋糕和冰激凌时，他像变了一个人似的，成了一个微笑着的小主人。而"蜘蛛侠"在聚会的其他时间里都待在楼上。了解到这一点，在随后的几年中，鲍勃的父母为他举办的派对都规模不大。

　　性格内向的孩子经常需要借助他人的帮助来学习何时去休息和如何

去休息。他们要么不知道自己需要休息，要么不习惯去休息，要么只是不想离开人群。这就是了解子女对父母来说极其重要的原因。父母应该敏感起来，意识到子女的大脑此时一片空白，正变得烦躁或者走神。

新生命的诞生

当一个新的小生命进入你的生活，他或她会使你在气质的各个方面凸显出来。林恩是一名性格外向的女性，她在工作日期间通常会与很多人互动，最近她生了一个男孩——亚伦。林恩来找我的时候已经跟小儿子在家里待了好几个星期。她真的很喜欢这个宝贝，但却弄不明白自己为什么如此疲惫和枯竭。我问她白天是否有很多社交活动。她说她没怎么见过朋友，因为他们都有工作。

事实证明，林恩正在勉强自己，因为她的生活缺乏刺激。我建议她白天和朋友在电话中聊聊天，或者安排与好朋友共进午餐。另外，我建议她把亚伦带到一个许多父母都会带小孩游玩的公园，逛逛当地的商场，或者去一家人流熙熙攘攘的茶店买杯伯爵茶。接下来的一周，林恩变得有活力多了，也更享受与亚伦相伴的时刻。

婴儿会刺激一部分性格外向的母亲。而对于其他一些母亲，婴儿所起到的作用往往是耗尽她们的能量。如果你需要家庭以外的活动，不要感到内疚。作为一个性格外向的人，林恩需要外部刺激来充电。

许多性格内向的母亲喜欢照顾婴儿的过程，觉得那令人着迷，并且享受与牙牙学语的婴儿对话的过程。她们能够欣赏自己内向的特质，为人母的安静步伐让她们有机会享受静谧的家庭时光。

然而，这并不适用于每一个内向的母亲。注意你的人格气质是十分重要的。一天 24 小时关注另一个人的需求可能会给自己造成巨大的负担。内向的妈妈需要找到休息的方式，完全一个人待着，或转而去做一些放松的成人活动。

我喜欢做一名母亲，但是女儿还小的时候，我每个学期还有一两门大学课程要上。我需要精神食粮来平衡养育女儿的时间。

内向的你需要有离开婴儿的时间，请相应地调整日程安排吧！不要感到内疚。找到你的气质区域，花点时间滋养自我。这对你和孩子都好。

在一场聚会上，如果你看到孩子眼神呆滞，你可以提议："这里太吵，人太多了，去后院散一会儿步吧！"如果你看到他变得烦躁，试试提议："你帮我把点心带出去吧，我俩过几分钟也出去。"或者"你看起来有点儿累了。我们沿着街区散散步，看看街上其他人家的房子吧！"

陷入烦躁的孩子往往讨厌别人说他该休息了。他或她需要被引导着去做别的事。接下来，你可以说："我发现你可能需要和小朋友分开一会儿，休息一下。"帮助你的孩子意识到，他们在度过私人时间之后就会感觉更好；帮助你的孩子认识到，拥有私人时间会使他们感觉更好。你需要提醒他们，随时可以离开大家，过 5 分钟再回来。那时他们会感觉更好，也会更喜欢自己的朋友。

梅根是一个性格活泼的 5 岁孩子。在幼儿园里，轮到她做"本周最佳学生"了。这是一个小型活动，活动中大家会一起夸奖她。梅根成了关注中心，她所受到的压力使她焦虑不安。她摔在了地板上，来回打滚。她的父母被邀请来参加这次活动，他们觉得既尴尬又震惊。父亲递给她奖杯时，梅根试图把奖杯从他手中抽出来。后来，当她的父母向我咨询这种反应的原因时，我问他们有没有意识到她可能受到了过度刺激。我也让他们和梅根谈了谈当时的情况，问一问该如何帮助她。接下来的一周，她的父母急切地跟我说，梅根早就知道自己受刺激过度了。她告诉他们："我的肚子疼得不得了，我想出去一会儿。"她还告诉妈妈："我想让你对我说'亲爱的，保持冷静，冷静'。"

如果你问性格内向的孩子需要什么，他们的回答往往极富洞察力，尤其在他们确信自己需要的东西没有错的时候。

你的引导可以帮助性格内向的孩子保持精力充沛和心情愉悦。谈谈他们对休息的需求。有些孩子会自己提出要求。选择一个他们精神放松的时间，你们单独在一起。当你表达了休息对其有益的想法，他们也会产生同感。你可能会说："你有没有注意到，有些小朋友在和其他小朋友一起玩的时候会非常开心？他们可以整天都在玩，永远不会觉得累，就像你的哥哥山姆一样。还有些人，他们喜欢朋友，但玩耍的过程中需要休息一会儿。这就是你，凯美。你需要休息一会儿才能有精神。做几个深呼吸。否则，你可能会觉得有点累，或者有点烦躁。"问问你的孩子，他们注意到自己需要休息了吗？停下来，等待他们的回应。当他们感到厌倦或不知所措，意识不到自己需要休息的时候，再找时间提醒他们。

举一些懂得休息的小朋友的例子："你有没有注意过，苏珊玩一会儿后，就会静坐几分钟，看着别的小朋友玩？你要是觉得有点累，可以对朋友这样说，'我要坐下来休息几分钟，我马上就会回来'，或者'我得去看看别的东西，一会儿就回来'。"你要问问孩子能不能想办法让其他孩子知道自己需要休息。你要表扬他们将自己的需要表达出来。

帮助孩子回来继续玩儿是重要的。大多数性格内向的孩子在参加或回归活动之前，都需要观察几分钟。告诉他们："在回到小朋友们中之前，你可以先看着他们玩一会儿。"研究表明，进入人群的最佳方式是找一个人，微笑着与他（她）目光接触，加入游戏的进程，不要将别人的注意力集中到自己身上，然后问一个相关的问题。比如说，告诉孩子："如果你的朋友在玩抓人游戏，你可以看一看山姆，笑一笑，然后问他你应该跑哪条路。"对孩子参加活动要表扬。之后讨论哪些方法有效，哪些似乎没用。

提供私人空间

性格内向的孩子需要在自身和外界之间形成一个真正的空间屏障。这有几个原因。首先，为了处理自己的想法和感受，他们需要得到帮助把外部刺激挡在外面，以便将注意力转向内心。其次，仅仅是身处人群和活跃的氛围中就会耗尽内向者的能量。外向者很难理解或想象这一点。最后，除非外部环境被屏蔽掉，否则内向者不能产生新的能量。

我当年给一个性格内向的 10 岁男孩做过几个月的心理治疗，他叫杰弗瑞。他的父母十分担心他，因为他常常无缘无故地畏首畏尾，或者大发脾气。有一次，我们在玩《Sorry！》桌游。他毫无预兆地说道："我讨厌跟迈克尔住一间屋子。我喜欢安安静静的。""哦，原来你喜欢安静？"我问道，"你好像考虑很久了。"他家是四居室，其中一间已经被改装成了游戏室。结果，杰弗瑞与外向的兄弟迈克尔同住一间屋子。"迈克尔可以搬进游戏室里住啊！"杰弗瑞继续说道。"把你心目中他的房间，还有你的房间用笔画下来，好不好？"我建议道。

杰弗瑞兴奋地趴在画纸上，画出了房间。很明显，他已经计划有一段时间了，也想过他的父母会以什么样的方式拒绝他。直到把一切都想清楚，他才开口对我提了这件事。在他把计划告诉我以后，他就把这件事告诉了他外向的父母，并在图画的帮助下，表达了自己对私人空间的需求。迈克尔搬进了游戏室之后，杰弗瑞的精神状况立即就恢复了，暴脾气也没有了。他得到了极其需要的宁静。

性格内向的孩子以多种方式表现他们对身体接触的需要。像所有的孩子一样，他们喜欢拥抱和举高高。不过当感到过度刺激时，他们会拉开距离。"他碰到我的腿了。"如果他们累了，他们可能会在车里这样发牢骚。在和人们相处的时候，他们通常喜欢待在人群的最后面、最后排，或者边缘位置，而不是中心。比起与别人一起坐在沙发上，他们可能更喜欢坐在自己的椅子上。有时你碰他们，他们可能会拉开距离。不要觉得这是他们讨厌你的表现，享受他们想要拥抱你的时光，也要接受他们想要减少外部刺激的时刻。

我还记得，我和母亲一起坐火车旅行了好几个星期。有一天，她的腿碰到了我裸露的皮肤，这让我感到焦躁不安。我挪开了腿。她因为我的敏感而大发脾气。我并不是想让她不开心，但在很长时间没有亲密接触的情况下，即便是最轻微的身体接触，也会让我觉得难以承受。

物理空间的侵入会让内向者感到不适。即使他们不与人群交往——

只是与别人共处一室——也会消耗他们的能量。外向者会觉得这一点非常难以理解，因为对他们来说，分享个人空间从来就不是问题。对他们而言，亲密相处并不需要消耗能量。

站得太近或者坐得太近，不敲门就进入他们的房间，这些都会消耗内向者的能量。克里斯汀是我的来访者，6岁时就在卧室门口写上"闲人免进"。而她的女儿凯蒂，也在6岁时问克里斯汀怎么写"闲人免进"，这让克里斯汀感到既惊讶又好笑。凯蒂在小黑板上写下了这几个字，挂在门把手上，然后关上了门。后来，克里斯汀笑着对凯蒂说："我了解你的感受。"给内向者私人空间就是给他们能量。

与孩子聊聊如何分享私人空间。"我知道，有时身处拥挤的人群会让你觉得尴尬或疲倦。"你可以这样说。最重要的是，告诉他你明白他可能会感到不舒服："我们会和蒂娜阿姨和克里斯托弗去博物馆，车程大约一个小时。我知道你有时会觉得不舒服，因为你必须和他们长时间坐在一起。你觉得我们应该怎么帮助你？"很多时候，孩子会有令你惊讶的奇思妙想。如果孩子自己没有向你表达任何要求，你可以主动提议："在你们俩中间放一个枕头会让你觉得好一些吗？你是怎么想的？"如果要在车上度过很长的时间，你可以与孩子谈谈私人空间，每隔一段固定的时间就停车透透气，轮流坐在不同的座位上。如果孩子感到不安，建议他深呼吸，放松身心。帮助他专注自身之外的事物。你可以给他一个耳机，让他听故事或者听音乐；也可以准备好贴纸书，让他一个人玩；或者与他玩"二十个问题"一类的游戏。别忘了提醒他，大家迟早会下车的。

你可以这样跟孩子说：每个孩子周围都有一个无形的圈，有的大，有的小。向你的孩子解释他或她有个很大的圈，这意味着别人靠得太近就会令他或她感到不舒服。和他人在一起的时候，尤其是别人踏入了这个无形的圈里，他或她就会疲倦。

为了解家庭成员的私密圈大小，你可以尝试下面这个练习。让家人全都站在家门口的车道或小路上，然后让外人朝一名家庭成员走去。当他——比如说你儿子——**想要**后退的时候，让他喊停。用粉笔标记外人当时站立的位置。然后在儿子周围画一个圈，记为半径。家庭中每个人的圈子大小可能都不一样，那就是私密区域的范围。你性格内向的儿子可能会有一个很大的圈。

向儿子解释他对于私人空间的需求。告诉他，他有时候愿意跟别人分享自己的个人空间，有时候不想。你可以建议他告诉朋友们自己需要空间，说一些类似"让一下，谢谢"或者"我喜欢跟你坐在秋千上，但是你能挪开一点点吗？我觉得有点儿挤。谢谢"的话。问问他："昆丁坐得离你特别近的时候，你是什么感受？"接着，你可以问："下一次当你有那样的感受时，你可以做些什么？你能挪到另一个位置上吗？"看到孩子忍耐的时候，别忘了表扬他："我知道，你有时会觉得车子里太挤了。你今天做得特别棒。"

留出思考时间

内向者需要有在没有行动压力的情况下进行思考的时间。许多内向者需要一些时间专门用于反思，人们误以为他们很懒惰。恼火的父母会问他们："你磨什么洋工呢？"但是，在休息时间里，内向者除了积蓄能量外，他们还在思考。除了积蓄能量，内向者为什么还需要零压力的时间呢？内向者对外界信息的反应既在有意识也在无意识的状态下进行。除非能够减少外部刺激，否则他们内心的想法、感受和冲动永远不会浮出水面。如果失去处理信息的时间，他们的思想就会堵塞和超载。因此，许多内向者最后会感觉大脑中什么都没有了。事实上，那里有很多信息，只是还没有经过排序和筛选。

　　性格内向的孩子有时会头脑空白，这会引起很多误会和尴尬。你可以通过简单的表达来向内的孩子解释发生了什么。"现在你还不了解自己的感受，但过一会儿你就会明白的。"提醒他们，即使没有意识到这一点，但他们的大脑依然在可靠地工作。"我敢打赌，你的大脑已经在消化吸收这项任务了，明天你就会产生想法的。"当他们得出结论和解决方案时，你要向他们指出："听起来你是思考过这本书的内容的，现在讲讲你喜欢书里的什么内容，不喜欢什么内容吧！"

　　由于外向者喜欢通过谈论问题来解决事情，所以经常对内向者的"保留"感到愤怒。"有话直说！"外向者会这样说。面对这样的问题，教你的子女这样去回答："我还在思考。"如果你的孩子是喜欢边想边说的内向者，那么最好先听他讲，然后反馈你听到的内容："艾丽西亚，我给你讲讲，你听我理解得对不对。你给自然课作业想了好几个点子，现在已经缩减到两个了。你想现在就谈，还是另找时间？"对于性格内向的孩子来说，反思可以帮助他们继续解决问题，而不至于令他们不知所措。

　　如果你教导他们去反思，孩子将能够更好地利用天赋。你可以建议他们坐下来，让思绪四处流淌。对他们解释，闲暇时间能让他们的大脑将之前收集的信息连接起来。像拼图一样，大脑将这些碎片变成完整的想法。让孩子有意识地去注意各种念头、办法和印象变得完整清晰的时刻。作为家长，你对这个过程的赞赏越多，孩子的意愿就越强烈。比如说，你可以这样告诉他们："我知道你一直在思考昨天看到的东西。"也可以这样问你的孩子："加里，你对新老师的印象如何？你可以想一会儿再回答我。"重要的是帮助孩子树立对自身思维方式的信心。

与孩子的老师谈话，向老师解释孩子需要思考时间。老师未必知道人们使用不同的大脑通路，通路长度决定了孩子的反应速度。但老师可以让学生反复思考一个主题，然后说："午休后讨论这一章。"老师会发现，当安静的孩子们有机会反思时，他们会对讨论做出更多贡献。

帮助孩子学会跟家人以外的人说话，比如教他说"在回答之前，我要想一想"。提醒他们，跟随自己的思绪是非常重要的。别忘了表扬孩子："艾米丽，我真的很喜欢你思考事情的方式。"要相信你的儿子或女儿拥有强大的优势。

理解你的"外向孩子"

在孩子的眼里，世界的奇迹不是七个，而是有七百万个。

——沃尔特·史崔提夫

　　与人交谈、获得反馈、边说边想、忙忙碌碌都是外向孩子的能量来源。请注意，这些与满足内向者需求的能量来源不同。请记住，外向者和内向者一样，都处于连续体中的一个位置中，只是有些人相对更外向而已。每个人都是有着独特个性的个体。记住这些观点，下列方法就能帮助外向的孩子更好地成长。

确保有人能说话

　　外向的孩子需要与人交流。他们会喜欢老式的同线电话，可以随时谈话。让他们说话，分享他们的经历，宣泄他们的感受，这些都能带给他们能量。有时家里人会不太喜欢这些谈话，你可以帮助他们发展家庭成员之外的伙伴关系。此外，由于外向的人可能会被人群吸引，尤其是在青少年时期，所以要尽早帮助他们发展个人兴趣。研究表明，有兴趣爱好的问题少年比较少。想想是什么引起了他们的注意力，然后鼓励他们去发展自己的兴趣。找到能与之交谈的知识渊博的人。例如，假如你的女儿对摄影感兴趣，本地照相馆的老板也许就是资源。让摄影师朋友带她去户外拍照，或者给她订阅一份摄影杂志。一旦你的孩子熟悉了摄影，请他们在晚餐后给家人做一个小展示，讲一讲兴趣爱好里最让他们着迷的地方。

给予反馈

外向的孩子需要反馈。"孩子，干得好"的称赞对他们而言很重要。几句鼓励就能让他们心情愉悦，情绪高涨。所有的孩子都需要别人做自己的镜子，以别人为参照，反思自己的个性。但这对外向的孩子尤其重要，有助于他们了解自己的行为。"当雅各布不能上场时，我发现你很伤心。明天下午约他出来玩怎么样？"与内向的孩子相比，外向的孩子自我反省较少，这就需要别人帮助他们培养这种能力。对他们来说，明白感觉和行动的差别相当重要："感觉是内在的状态，是可以**去思考**的。我感到紧张，为什么呢？"然后，他们就可以主动去**选择**自己要做什么了。"我知道你想要发言的机会，但要等肖恩先说完。这才是朋友该做的事。""如果你一直在说，而朋友没有机会发言，你知道会发生什么情况吗？""我知道你等不及了，但我希望你等到凯茜进大门以后再行动。"这些评价可以抑制孩子的冲动，养成反思的能力——在行动之前学会思考。反馈时可以采用"奥利奥反馈法"：先正面反馈，再反面反馈，最后再回到正面反馈。反馈能让性格外向的孩子再次充满活力。

鼓励他们边说边想

外向者是通过说话来思考的。他们需要另一个人来倾听，这样他们就能理清想法和感受。他们可能不需要对方回应，只是需要一个共鸣板而已。问问你的孩子，他们是希望你单纯倾听，还是想要你的提问和建议（即使单纯倾听，也要让孩子知道你有多喜欢他们的想法和问题）。外向者可能会大声地自言自语，这样能让他们"听到"自己的心声。让外向者谈谈自己的烦恼和担忧，分享自己的想法，他们通过大声讲话的方式来处理自己的问题。他们也许会问许多问题。你想回答多少就回答多少，但是可以设一个限度："我再回答两个问题，然后就要做晚餐了。"尽管对于内向者来说，这很难想象，但是性格外向的孩子在电视或收音机开着时，会学得更好。

保持活跃，张弛有度

对外向者来说，游戏就是一种刺激方式；他们需要有事情做，有地方去，还要有人一起玩儿。他们的态度是时间正在流逝，我们不能整天摆弄手指，无所事事。

许多性格外向的孩子什么都想干。这对父母，哪怕是对外向型父母来说也是很累人的。即使孩子不想慢下来，也要安排让他们安静下来的时间，对他们说："今天下午 2 点到 3 点，我想让你休息一下。你可以放磁带，听音乐或有声书，或者读一点书。"帮助他们意识到私人时间的好处，告诉他们："看书休息过后，你看上去会放松一些。你的身体感觉如何？"

如果孩子在自己玩，做白日梦，或者什么都不干，让他们知道你很高兴他们能享受安静的时光。检查孩子的活动安排，确保不要排得太满。即使是对非常外向的孩子，你也不能安排太多的活动。他们需要练习内省的时间。

不同性格的两代人如何相处？

父母外向，孩子内向

内向子女的外向父母会很发愁。他们希望孩子过上好日子，又害怕孩子身上的某些特点是危险的征兆。如果是男孩，父母往往会要求他坚强起来。我有个来访者这样描述自己的儿子："我觉得麦克斯应该去看心理医生。他是个好孩子，可就是不活泼，有点儿蔫儿。他干什么都慢，连说话都慢。"这名外向的父亲敏锐地补充道："麦克斯从小就不爱见人。我还有个儿子，他就开朗多了。"我给麦克斯的父亲讲了内向者拥有的沉静力量，阐述了回答问题时，麦克斯为何需要不被打断的思考时间。我能看到他父亲的表情松弛下来了。他开始将儿子的行为视为一种正常现象，开始切实地帮助麦克斯。比方说，麦克斯的父亲想让他提前说明参与活动时自己的计划安排，而且允许他先观察，再慢慢融入活动。于是，麦克斯的转变过程就顺畅多了。他爱说话了，家人也开始倾听他讲话了。

我的另一个来访者海莉性格极其外向，她有一个 4 岁的儿子叫本，敏感而内向。海莉来找我是因为她觉得本出了**很大**的问题。她甚至以为他患了自闭症。她不明白为什么他看起来呆头呆脑，还老爱哭。然后，她开始描述她们的母子时光，说了 10 到 15 分钟。她的描述就跟跑马拉松似的，到这里，去那里，做这个，干那个。

她罗列了自己计划的"趣味"家庭活动：打迷你高尔夫，去游乐场玩儿，去街机厅，**然后**去查克小老鼠（Chuck E. Cheese）儿童游乐餐厅吃午餐。这时，我阻止了她继续说下去。我感到反胃，精疲力竭。我仿佛看到本都要累瘫了。我说："嗯，根据你的描述，本可能受到过度刺激了。""你是什么意思？"她问，这是她坐下以后头一次停止说话。"听你的描述，我觉得你是个外向的人，而本是个内向的人。这些活动对他来说都是过度的刺激。本不时走神或者大哭，这些都表明他受够了。""过度刺激是什么意思？"海莉问道。这个概念不能引起她的共鸣。我解释说："本可能觉得同时进行的事情太多了，他很累，无法思考。"海莉哈哈大笑说："我还以为是带他好好玩呢！"

海莉刚怀孕不久，她停了一会儿说道："我想知道肚子里的这个孩子性格会怎么样。"我觉得我们取得了一定的进展。我告诉她这是个好问题。不要用你的热情把孩子压垮，这一点很重要。

另一个外向的家长跟我谈到他的女儿亚历克莎。"她总是在房间里看书。我认为这是一个严重的问题。她在逃避生活。"他建议的任何活动女儿都不想参加。他觉得女儿是对他生气了。我建议他问问亚历克莎，他是否能和她一起读书。在我们下一次见面时，他说亚历克莎对他的主意表现出来的兴奋令他**震惊**。父女两人每周都在一起读书，他们的关系也有了很大的改善。

性格内向的孩子可能不像外向的孩子那样情感外露。他们爱你，珍惜你，但他们可能不会说太多这样的话。接受你的性格，也要接受孩子的性格。人的性格不可能改变。你们都有很好的品质，都可以为家庭和世界做出贡献。

纠正内向孩子的错误

性格内向的孩子可能对别人的愤怒和反对很敏感。如前所述，最好不要当众纠正他们。因为这对他们来说太痛苦了，他们甚至会把你拒之门外，他们好像不在乎你的评价，其实不然。但这并不意味着你应该忽视他们的破坏性行为。

实事求是地告诉他们，他们做了什么你不喜欢的事情："我不喜欢你扔沙子。"然后解释原因："沙子进了蒂米的眼睛，把他眼睛弄伤了。"告诉他下一步要做什么："我要你向蒂米道歉。稍后我们讨论一下你的感受，还有你为什么要扔沙子。如果你感到心烦，我相信我们能想出一个更好的方式来表达你的感受。"对性格内向的孩子来说，感到愤怒或沮丧可能就是刺激过度。他们需要别人帮助自己学习管理情绪，把压抑的情感说出来，而不是用行动发泄。

作为父母，你要尽可能少去羞辱和指责他们。读一下 60 页第二章关于羞耻感和负罪感及其解决方法的内容。记住，羞耻感指的是孩子觉得自己最本质的东西受到了打击："我对妹妹大喊大叫。我很坏，现在妈妈不会再爱我了。"负罪感则是认为自己做了不该做的事情："我对科里喊叫。妈妈不喜欢这样。"给孩子说话的空间。如果感到心烦意乱，他们就会闭口不言。确保他们不会深陷在过往中。告诉他们你爱他们。提醒他们人人都会犯错误，包括你。

父母内向，孩子外向

这孩子真是可爱极了，但母亲还是希望他赶快睡觉。

——拉尔夫·瓦尔多·爱默生

对于内向的父母来说，外向的孩子可能是上天给予他们的快乐，但也可能是个诅咒。他们对这个世界充满热情，兴奋异常。他们想尝试一切事情。他们想要坐在你身边，讲述一天中所经历的**一切**。你的性情为孩子们敞开了大门，给他们尽早了解不同事物的价值提供了极好的机会。因为你对身体亲密接触的需求可能比孩子要低得多，所以记得给他们大大的拥抱。既要说你爱他们，也要告诉他们，你现在需要一些空间。

我采访过一名内向者母亲，名叫南希。她说："我的女儿维多利亚，学校所有的活动她都想参加。她讨厌错过任何东西。我跟不上她的节奏，因而感到很内疚。"你要放下因自己的性格而产生的愧疚感。重要的是要向你的孩子解释，你会因为活动太多而感到精疲力竭，你需要休息时间来恢复能量，你恢复精力的方式与他们不同。让他们相信，你喜欢参与到他们的生活中，但是你有不同的生活节奏。你们俩一个像乌龟，一个像兔子。让他们知道，你想听他们讲述他们所干的事情，但要有限度。例如，你可以说，每个月你会参加孩子的两次活动，具体哪两次，他们可以选。我向南希建议，让她的女儿记录自己一周的活动，然后在周日晚餐后给全家人（或许可以用玩具麦克风）作报告。报告的题目就叫"维多利亚本周回顾"。

纠正外向孩子的错误

性格外向的孩子就像天气一样多变，会表现出各种各样的情感模式，情绪起起伏伏。有时他们对别人的情感很不在意，可能会忽略父母的怒火。如果你对他们发怒，他们可能就感觉糟糕一会儿，因为他们喜欢阳光般的赞扬。但与性格内向的孩子不同，他们可能不会再考虑这件事了。就像吹来又散去的暴雨云一样，来得快去得也快，性格外向的孩子们会认为事情已经结束了。

你要让他们深刻地明白，你在生气什么。这很重要。私下和他们交谈，告诉他们你不喜欢的行为。看着他们的眼睛，声音要坚定，评论简短而具体："你把画笔从林赛手里抢走，我很不高兴。"然后讲清楚你要他怎么做："我要你向她道歉，她用完了，然后才轮到你。"

之后问孩子，他们有没有想过用其他方式来处理这种情况，不要责备，也不要批评他们，帮助他们把自己的行为想一遍。不要让谈话变成辩论。许多性格外向的孩子很会辩论，你未必说得过他们。保持冷静和对局面的掌控："我爱你，但你做的事情我不喜欢。"提醒他们，我们都有需要反思自己行为的时候。爸爸妈妈也一样。

凯文是我的来访者，他不明白儿子乔希为什么不想在家里多待。凯文到学校接他的时候，乔希嘴里冒出的第一句话就是："我们要去哪

里？"当凯文说"回家"的时候，乔希会发出抱怨声，然后重重地坐到座位上。"我感觉自己像个糟糕的家长，"凯文说，"我不明白他为什么不想和我们在一起。"不要把孩子发脾气这件事放在心上。他们不是在排斥你，而是想要补充能量。记住，他们害怕精疲力竭，这种感觉你也不喜欢。对你的儿子说："我知道你不想回家。我们可以一路唱着歌，或者轮流找街道标志上的字母。你从 A 开始。"如果他没有马上同意，你不妨就改成唱歌或玩游戏，大多数孩子都会加入其中的。要多赏识外向的孩子。如果你不指出这些品质，他们可能就不会欣赏自己身上好的一面了（尽管这对你来说是十分平常的事情）。

团队方法：与孩子讨论内向性问题

我们总是担心孩子的前程，却忽略了他的当下。

——斯西亚·陶谢尔

　　在内向孩子还小的时候，你要与他们讨论身体和头脑，以及如何管理身心。为了思考、感觉和行动，我们的身体需要能量。与孩子谈论他们是如何获得能量的，谈论怎样才能感觉良好且精力充沛。跟他们解释说，有些人需要大量的私人时间来积蓄能量；而另一些人是通过走出家门，进入社会而获得能量的。你可以从个人经历中举一个例子来解释你是如何获得能量的。

被忽视的内向家庭成员

大多数家庭既有内向的家庭成员，又有外向的家庭成员。然而，对于一个家庭来说，能量充沛的外向者会占用大量说话的时间，给内向的孩子留下很少的说话空间，这是很常见的。不管原因是什么，如果你的家庭中存在这种不平衡的现象，那么保护好性格内向的孩子，让他们免受兄弟姐妹的支配、压制或者遮蔽，是至关重要的。

在餐桌上，确保每一个孩子都有机会说话。内向者会因为打断别人而感到不舒服，所以他们可能不会参加家庭讨论。如果知道自己有机会说话，他们就会提前做准备。要让嘴快的孩子学会等待慢性子的兄弟姐妹。不要让某些人打断内向的孩子，或者代替他们说话。很明显，任何一个孩子都不应该因为自身的沟通方式而受到耻笑或羞辱。

注意内向的孩子是否只是随大流，结果被人们忽视。询问他们对家庭活动的看法或感受："你今天是有点忙吗？"教导其他的孩子去考虑内向孩子的意见："乔恩，我知道你想去公园，问问希瑟她是怎么想的。"

如果内向的孩子要花更长时间来表达自己，你就要鼓励他的兄弟姐妹们耐心等待："希瑟需要一点时间来考虑这个问题，乔恩，让我们看看她是怎么想的。"通过尊重家庭中的每一个人，所有的孩子都会培养出越来越强的人际交往能力。

帮助孩子谈论他们的身体感觉，教他们控制自己的性情温度。他们可以从注意何时需要休息或活动开始。你要给他们反馈："我看见你在切尔西的派对上玩得很开心，但后来你觉得很累。你也注意到了吧？"帮助他们观察其他孩子的差异："野餐后，泰勒在回家的路上睡着了，而莎拉一路上都在聊天和唱歌。他们的需求和性情是不同的。"

人们思维的方式也不同。向你的孩子解释："有些人思维敏捷，语速很快。有些人与你更像，他们需要考虑自身的反应。如果你有思考时间，你就知道你想说什么。你自己也会感觉不错。你会好几个小时地把注意力集中在蝴蝶标本上，并且感觉很好。但其他人如果对某件事关注时间太长，就会感到疲倦。他们更喜欢忙碌。"

跟孩子一起开发"团队方案"。帮他们对可能出现的困难情况做好预计和准备。讨论你自己和其他家人的性情温度，这样他们就能明白，身为内向者或外向者并非是一件令人感到耻辱的事情。关键在于帮助他们理解自己，而不要慢慢把回避作为应对的方式。有时他们会感到刺激过度，你可以鼓励他们做做深呼吸，休息一下，让自己平静下来。

不要过分保护你的孩子，也不要指望他们能独自处理事情。他们最需要的是一种感觉，即他们可以和你一起进行头脑风暴。如果他们认为你了解他们的长处和局限，他们就会成熟起来。经常和孩子交谈（你要多倾听），讨论他们精力的高潮和低谷。你和他们是在一起的，这种感觉会赋予孩子们无穷的力量。这是他们在面对成长过程中自然的困难时，你所能给他们的最大支持。

孩子的天赋和才能

我不太喜欢用**天赋**和**才能**这两个词，因为某种程度上，**每个**孩子都有天赋，有才能。尽管如此，我还是要讨论这个话题，因为许多内向的孩子和成年人没有意识到，他们的能力和才智是宝贵的。尽管研究表明，内向和天赋之间存在着相关性，但性格内向的孩子往往考试成绩并不高，或许也不被认为是有才能或天赋的。**天赋**被认为是遗传得来的，有利于大脑发育。由于认知、情感、生理和直觉方面的机能优势，这种孩子的智商会很高。**才能**指的是孩子拥有一系列特质，这些特质可能会导致不同寻常的能力。人们认为，有天赋和有才能的孩子必须在回应积极、充实丰富的环境中才能充分发挥天资。

下面列出了一些天赋的早期迹象：

- ★ 优秀的抽象推理和解决问题的能力。
- ★ 在发展的关键期进步很快。
- ★ 好奇心极强。
- ★ 语言习得早，语言水平高。
- ★ 对照顾自己的人有较早的认知（例如微笑）。
- ★ 喜爱学习，学习速度快。
- ★ 极好的幽默感。

★ 超常的记忆力。

★ 活跃水平高。

★ 对噪声、疼痛、挫败有剧烈的反应。

★ 婴儿时期对睡眠的需求较少。

★ 对感兴趣的话题或活动能长时间集中注意力。

★ 敏感，有同情心。

★ 追求完美。

★ 婴儿时期便特别敏锐。

★ 想象力丰富生动（比如，想象出来的朋友）。

看过这些内容后，我要加一句建议。我相信三个方面——活跃水平、语言技能和记忆力——对性格内向的孩子是不适用的。首先，许多性格内向的孩子并不活跃。他们可能宁愿久坐不动，也不参加某些意料之外的活动。其次，他们的口头表达能力可能并不突出。他们可能词汇量不小，但是却不主动说话，除非你把这些词拽出来，否则他们可能不会展示自己知道的全部词汇。内向者倾向于使用长期记忆，而非外向者那样倾向于短期记忆。（这是好事）因此，内向孩子可能需要更长的时间来记忆，但一旦他们记住了，就很少会忘记。外向的人记得较快，但忘得也快。看看你的孩子是否显示出了这些品质。

培养一个有天赋或者有才能的孩子是令人兴奋的，同时也会让人气馁。以下一些建议可以帮助你：

★ 从积极的角度来看待孩子的性格，例如，坚持和固执只是一体两面。

★　评估孩子的特殊才能或兴趣，并尽力提供所需的物质支持。例如，如果你的孩子喜欢画画，那就买画具。

★　做有知识的支持者。关于子女教育问题，你或许可以咨询专家。

★　获取帮助。聪明的婴儿和蹒跚学步的幼儿会让父母精疲力竭，找亲人朋友来帮忙吧！

★　以尊重的态度倾听孩子的诉说；有天赋的孩子会问很多问题并挑战成见。总体上看，向孩子解释这些问题有利于形成和谐的关系。

★　对于你无法回答的问题，教导孩子去找资料。

★　阅读有关天赋的书籍（我在参考文献里列了几本书），上网寻找信息，联系其他有天赋的孩子的家长，加入相关小组。

★　珍视孩子的独特性——他们的观点、想法和抱负。不要强调接纳他人的观点。确保他们在家里受到赏识。

关于害羞

在本书第二章第 37 页，我讨论了一种常见的误解，当时是针对成年人的。内向和害羞不一样。内向和外向的孩子都可能害羞。害羞是一种焦虑状态，在这种状态下，一个人害怕遭到拒绝、嘲笑或遇到尴尬的情况。一些害羞的孩子社交技能差。他们逃避社交场合——不管是与一个人，还是 20 个人交往——因为他们害怕被拒绝或者排斥。社交对他们是非常痛苦的事。他们经常会因自己在社交场合的一切言行而批判自己。

性格内向的孩子通常有很好的社交技巧，并且经常享受社交情境。他们参加社交活动往往需要过渡过程，而且长时间与太多人交往会感到疲倦。他们可能会觉得不舒服，因为他们不喜欢打断别人交谈，这可能会让他们觉得自己脱离了群体。但是，一般来说，性格内向的孩子喜欢社交活动。然而，如果一个内向的孩子因为内向而不断遭受压力或批评，就会变得害羞、拘谨或害怕。

如果性格外向的孩子感到羞耻、受到批评或羞辱，他们也会变得害羞。对于外向者来说，害羞是一个大问题。我有一个15岁的外向型来访者，容易激动和害羞。她想和朋友们在一起，想要出去玩，让自己充满活力，但她太焦虑了，几乎不能安静地坐着。在我的办公室里，她坐在椅子上摇个不停，都快从窗户飞出去了。通过我们的共同努力，她的社交焦虑减轻了，社交能力也提高了，于是她能以轻松的心态参与各种活动了。

向害羞的孩子解释害羞和内向的区别，让他们知道，你将帮助他们在社交场合感觉更舒适。尽管有些孩子天生害羞（大脑的恐惧中枢更活跃），但大多数孩子是因为受到批评、羞辱和拒绝而害羞的。内向或外向的害羞的孩子需要学习社交技巧，来阻止头脑中批评的声音，提高自信。

内向和外向是孩子性格的一部分，是不能改变的，但是害羞可以得到显著改善。害羞的孩子和成年人都可以通过学习新技能来减少恐惧和焦虑。

结语：父母的力量

孩子永远是人类唯一的未来。

——威廉·萨洛扬

　　我们难保孩子可以免遭世界上的所有危险，但可以影响他们对自己的感觉。当他们小的时候，我们可以教他们去珍惜和理解自己的性情（本章讲过，如果他们学会接受自己的性情，那是很有用的）。我们也可以教导他们去欣赏别人的性情。如果我们利用与孩子之间的有力纽带来帮助他们培养天性，他们将有坚实的基础成长为具有独特性格的成年人。性格是一种功能，是每个人运用自身与生俱来的性情的一种方式。这种方式是可以控制的。

　　我们的孩子对天赋和才能的运用是建设性的，还是破坏性的？如果每个孩子在成长过程中都能做到正直，充满好奇心，具有同情心，有爱和被爱的能力，能够培养自己的内在力量，这个世界就会更美好。

■ 观察你的孩子更内向还是更外向。

■ 想想你的孩子是如何获得能量的。

■ 想想你和伴侣的性格。你们是内向者还是外向者?

■ 和家人谈论你们的性格,以及这些性格如何影响你们的日常关系。你们会更加欣赏彼此。

第六章 | 社交活动：你是聚会"杀手"，还是聚会"疯子"？

社交生活无法真正地满足我，我必须成为自己。

——无名氏

房间里挤满了人。巨大的声音震得我耳朵好疼。我扫视了一下房间，想寻找一个安全的角落。我胃部发紧，呼吸加快，很想离开。然而，我的丈夫迈克尔遇到了朋友，他想过去和他们打招呼。他很兴奋。他喜欢参加聚会。他在拥挤的人群中穿梭，一直微笑点头。我径直走到卫生间，待在那里，看着壁纸、手巾和肥皂。我真的很感激这里的洗手间装修得不错。我放松了。胃不再紧绷，呼吸也恢复了正常。过了一会儿，我觉得自己可以离开避难所了。我在拥挤的人群中看到了迈克尔的秃头顶。我溜到他的身边。他递给我一份百事可乐。我开始和人聊天，并喜欢听他们谈天说地，谈笑风生，有趣极了。每隔一段时间，我就有想要离开的熟悉的冲动，所以我又回到卫生间，偶尔会遇见另一个躲在里面的人。我们认出了对方，并相视一笑。我知道她在计算时间，看什么时候能够离开聚会又不显得无礼。大家吃了晚餐，然后是甜点。我吃了两口蜜桃冰激凌，然后转向迈克尔低声说："我想在 5 分钟后离开。"

　　这大约是我在聚会上很好的表现了。信不信由你，这是我花了好几年时间才做到的。我喜欢社交聚会——我确实喜欢——只要我知道很快能离开就行。如果我知道很快就能钻进睡衣，享受卧室的宁静，我就能控制社交聚会所带来的不舒适和精力消耗的感觉。事实上，我发现自己对内向性格了解得越多，就越容易应对社交活动。

我接触过的许多内向型来访者，或者为撰写本书而采访的人——尽管他们喜欢与人相处，但都觉得社交活动会让他们感到不舒服。事实上，当我描述自己躲进洗手间的时候，很多人都表达了同感。他们大笑着说："哦，你也这么做吗？"

周一早上，来访者埃米莉来到我的办公室，一下子扑到对面的摇椅上。"我得了社交综合征了，"她大笑着说，"周末我参加了**两场**活动，过得很开心，但快累死了。为什么我觉得这么累呢？"

大多数内向者都有很好的人际交往能力，与家人朋友关系很好。事实上，大多数人在工作中要接触很多人，就像我一样。那么，为什么社交聚会经常会让他们感到焦虑，有一种"小马拉大车"的感觉呢？

答案与一个事实有关，即群体社交需要大量的精力。首先，出门就要消耗能量，要做好心理准备，因为内向者倾向提前思考，然后想象自己之后的样子：他们最终会感到疲倦、不舒服或焦虑。其次，大多数内向者需要逐步融入社交环境中，以适应各种刺激。噪声、色彩、音乐、新面孔、旧面孔、食物、饮料、气味，每件事都可能导致**大脑超负荷**。最后，仅是身边围着许多人——不管是朋友还是敌人——就会耗尽内向者的能量。

简洁机敏的对答 VS 实质性的谈话

为了找到美好的生活，你必须成为你自己。

——比尔·杰克逊博士

在大多数社交聚会上，谈话都是为外向者设计的，这给他们提供了大量的刺激，却与内向者的天性相违背，对他们构成了巨大的挑战。闲谈通常关注的话题是新闻、天气和体育等。通常大家讲话声音大，争着说，节奏也快。人们通常会站着说，表情丰富，直接进行眼神交流。他们还会主动抢话，不时打断一下对方，问许多私人的问题。不喜欢聊天的人常常感到很尴尬。他们不是被排斥，而是被大家忽略了。

我最近接到13岁男孩卡梅伦的母亲打来的电话。"卡梅伦想和心理医生谈谈，"她解释说，"他按照网上看到的信息给自己诊断，认为自己有社交焦虑症。"卡梅伦进来的时候谈到了自己的生活，几分钟后，我知道他有很多朋友——有事向他求教的好朋友。我说："告诉我，你为什么觉得有社交焦虑？""嗯，"他说，"我讨厌那些常规活动——海边玩耍、音乐会、吃午餐，还有上课前的打闹。我总是觉得自己不合群。我要么受到了忽视；要么成为大家的焦点，这令我感到好尴尬。"卡梅伦没有意识到问题所在，但他十分了解自己。

内向者可以通过一对一地谈论他们感兴趣的话题来获得能量。他们会进行复杂的讨论，每个人都会全面考虑对方的意见，以此种方式来补充能量（也是有限度的）。我认为，这是一种创造性的对话，因为它不断地让你产生新的想法。逐步推进的谈话节奏对内向者更有效，因为他们可以坐下来慢慢谈（站立似乎需要更多的能量，并让他们感到太引人注目了）。他们也可以多听少说，在突然加入谈话之前先停顿一下，这样可以少受干扰。如果需要减少刺激，他们还可以把目光移开但不能失去与对方的接触。微笑不那么重要，令人尴尬的私人问题不是大事（他们可以回答，也可以不回答），而且他们也不会觉得自己受到太多或太少的关注。在一对一的谈话中，对方更有可能请他发表意见。如果内向者一上来就发表议论，对方通常就会问一些相关的问题。如果出现可怕的大脑当机，你完全可以这样说："哎呀，都到嘴边了，又从脑子里飞走了。"了解内向者感到社交困难的原因，你就不难理解大多数人——哪怕是最内向的人——都会把内向和害羞相混淆。

聚会前的思考和准备

模棱两可的困惑

内向者有一个困惑的地方：他们有时也喜欢参加那种有嘈杂拥挤的人们站着进行谈话的社交活动，并因此而神采奕奕。下一次参加同样的活动，他们又会感到精疲力竭。这是怎么回事呢？因为大多数内向者觉得，他们**应该**享受与人交往的乐趣。他们想知道，为什么自己并不**总是**感觉活力满满（外向者感觉自己偏内向的时候，他们会将其理解为"我只是需要一点休息"。因为他们很喜欢与人交往，所以几乎没想过自己会精疲力竭。这似乎并不会令他们感到不安或者困惑）。事实是，我们生来就具有外向或内向的生理能力。如果一切顺利（我们并不总是能意识到顺利的原因），身体和大脑或许就会做好外向的准备。的确，有时我们享受闲谈，或者偶尔在聚会上表现活泼。然而，如果你偏向连续体的内向一端，更常见的体验是，社交活动后需要休养。

去，还是不去？这是一个问题

无事可做，并不快乐；要做的事情很多，但可以不去做，这才是快乐。

——玛丽·威尔逊·丽特

对内向者来说，决定是否参加社交聚会通常是一种挣扎。我们都陷入了"**应该做什么**"的问题中，却忘记去思考我们"**想做什么**"。显然，在某些情况下，我们没有选择——例如，工作应酬、家庭聚会、好朋友的婚礼之类。但其他时候，我们还是有选择的余地的。

尽管大多数有关害羞的书籍都建议，**不必有求必应**。另外，如果避开全部活动，你最终又会感到被孤立了。还有，在社交场合上，你会感到胆怯，更别说错过的有趣时光了。

生活中的大多数事情都有折中的方法，而这个方法通常就是最好的。所以，在参加即将到来的社交活动前，要学会问自己一些具体问题，帮助你思考是否**应该**去参加这样的社交活动。犹豫不决几天是可以的，这只意味着你有**两个**不错的选项。对你自己说："到星期三，我会决定去不去，然后告诉汉娜我的决定。"如果不去，你可能会后悔。但没关系，这并不意味着你做了错误的决定。如果你练习给自己一些选择，你就会发现，有时候你**确实**想去。

以下是在决定是否参加一个聚会时，你可以问自己的一些问题：

★　它对我的事业或伴侣的事业有好处吗？

★　它对我来说很重要吗——是我支持的慈善机构或政客举办的募捐活动吗？还是好朋友的聚会？

★　我在活动中会成为焦点吗？我会不会受邀上台讲话，或者介绍别人？

★　只是一次机会，还是以后还会举办类似的活动？

★　这儿有我讨厌的活动，如电影首映、烤肉野餐、拍卖会，或者需要喝很多酒吗？

★　参加人数有多少？

★　我认识的人多吗？

★　如果我不参加，是否会伤害到某些我关心的人的感情？

★　最近我参加的社交活动是太多，还是太少了？

你要时不时地允许自己提高社交能力，扩大社交面。举个例子，如果活动对你或伴侣的职业生涯很重要，那就可以考虑偶尔参加一下。与你需要见的人，比如老板，谈一谈，然后就走。"有事说事，说完走人"是完全可以接受的选项。如果你挺开心的，那么就多待一会儿也无妨。

内向者讨厌和喜欢的活动

我对一些内向者进行了调查，询问他们讨厌哪些社交聚会，哪些社交聚会他们感觉比较愉快，也不太累人。这些选项反映了个人喜好。想想你对其中各类事件的感受。

讨厌的活动：鸡尾酒会、慈善活动、招待会、拥挤的活动、公司聚餐、自带食物的室内聚餐、开放日、沙滩派对、大型体育比赛、震耳欲聋的音乐会、列队欢迎等（注意一下，这些活动有多少是需要站着进行的）。

喜欢的活动：参观博物馆（尤其是配备语言导览和休息长椅的场所）、讲座、参加人数少的导游项目、坐在地上的野餐、音乐会、婴儿洗礼或婚礼（当然，主角不能是你，免得成为被关注的焦点）、私密晚餐、家庭聚会、看电影、上课、跟朋友散步，或开车兜风、个人锻炼。

如何巧妙得体地拒绝邀请

巧妙的针头并不尖锐。

——科琳·卡尼

内向者常常因为不想出席社交场合而感到内疚或局促不安。因此，尽管对邀请非常在意，但当拒绝邀请时，他们也可能会显得简慢无礼或心不在焉。有时，他们会假装看不见"盼复"字样，以此避免说"不"。事情往往会因此变得更糟。

学会委婉地说"不"是很有用的，这样邀请者就不会觉得遭到拒绝。对他们的邀请表示感谢，说清楚你是否能参加。如果你愿意去，对方下次就有可能再邀请你。

规矩要由自己定

许多内向者都根据外向者的标准来制订社交规则。多年来我听到过的一些话，比如：一切邀请我都必须去；我必须一直待在那里；我必须和很多人交谈；我必须让自己看起来开心；我必须融入进去；我不能显得紧张。

针对这种情况，放弃那些死板的期望，尝试制订出灵活有趣的规矩对你会很有帮助。例如，在彩色索引卡片上写一些"规矩"，留着接下来几个月使用。把它们放在一个小盒子里，这样就可以重复利用。下面是一些例子：

你允许自己做出以下安排。

• 开车从聚会门口经过，然后直接离开。

• 参加聚会，15分钟/1小时/2小时离开。

• 参加聚会，吃一块草莓夹心巧克力，然后就离开。

• 参加聚会，只与一人交谈。

• 参加聚会，只观察别人（这是我最喜欢做的一件事）。

• 参加聚会并感到紧张。

• 参加聚会，只与10岁以下的客人交谈。

记住，当你不得不撒谎的时候，说善意的谎言没什么大不了的。许多内向者都恪守诚信，这对他们并不总是最为有利的。举个例子，如果你婉言拒绝了一个聚会的邀请，说"我没有精力"，主人肯定会介意。

正如简·奥斯汀所说："作为社会的成员，我们必须偶尔为人际交往的轮子加点润滑油；否则，事情就会搞砸。"

下面是一些说"不"的简单委婉的方法：

★ "我很高兴你想到邀请我。遗憾的是，我去不了。"（你不需要总是给出理由）

★ "我很愿意参加，不过我们已经有安排了，感谢邀请。"

★ "哦，亲爱的，我们那天不能来，但很希望下次有机会参加。"

★ "非常感谢你的邀请。我们只能待几分钟，之后还有别的地方要去。不过，我们也不想错过跟你见面的机会，给你带点什么好呢？"

如何保存能量

想一想橡子里蕴含的汹涌能量吧！你把橡子埋在地下，然后它就迅速成长为一棵大橡树！

——萧伯纳

出去玩**之前**，保持体力是很重要的。就像水力发电站一样，你应该提前积蓄势能，为外出郊游做好准备。

以下的建议可能会对你有所帮助：

★ 不要在一周内安排太多社交活动。

★ 在聚会前散散步，读会儿书，打个盹儿，或在大自然中坐一会儿。

- ★ 当你对聚会感到焦虑时，多喝水，做做深呼吸。
- ★ 离家前吃点高蛋白食物，增加能量。
- ★ 让保姆早点来，免得慌乱不已。
- ★ 路上听放松的录音带或平静的音乐。
- ★ 第二天早上留出时间让自己恢复能量。

如何预先考虑问题

忧虑是利息，麻烦是本金。

——威廉·拉尔夫·英奇

许多内向者往往会预先考虑问题。他们会提前思考可能发生的问题，或者记得上次回来后感到的疲倦。这可能会增加内向者对社交的担忧。如果你会想象自己的衬衫滴上蘸虾酱料，或者看到自己从婚礼上拖着疲惫的身体回家时的情景，那就试着转移自己的焦虑吧！

- ★ 与伴侣谈谈你的担忧，一块儿开点小玩笑。
- ★ 提醒自己："我将度过一段美好的时光，不管发生什么事，我都能搞定。"
- ★ 如果你一直纠结于一些让你尴尬的事情，告诉你自己："我不需要考虑这个。"
- ★ 想象自己喜欢的社交场合的情景。

★ 期待遇见一个同样来参加活动的朋友。

★ 提醒自己，你可以调节自己的能量。

姓名牌

大多数内向者讨厌姓名牌，因为这些标签给他们带来了不想获得的关注，还让他们感觉自己被暴露在大家面前。但在某些场合，姓名牌是必要的，下面有几条为它增添情趣的小妙招：

• 用不同的颜色书写名字的每一个字母。

• 画一张可爱的画代替你的名字，或者画在你的名字旁边。

• 把姓名牌贴在不显眼的地方。

如何组织一场令人感觉惬意的聚会？

如果派对、洗礼、会议在你的家里举行怎么办？光是想着人们在你家里四处闲逛，你就可能感到过度刺激，而这种预期会消耗大量精力。因此要尽可能办得简单些，让局面容易掌控些。简单就好。选择你可以提前准备的菜，点外卖，或者让大家自带食物一起吃。对内向者来说，既要做饭又要接待客人是很困难的。在邀请函上写上聚会开始和结束的时间。如果宾客名单由你决定，一定要选择你觉得舒服的人。确保人数适应你和你的住处。外向者和内向者的比例尽量控制在1∶2。

想出活动鼓励人们聊起来。这是我的一个方法：在门厅桌子上放一个大罐子，里面装满了高尔夫球、回形针、椒盐卷饼、狗骨头或者玻璃球，种类越多越好。然后，我让每个客人在一张纸条上写下名字，还有他们估计里面有多少种东西。大家都说了自己的猜测后，聊天话题就有了。聚会进行到后面，我宣布获胜者，还颁发了稀奇古怪的礼物。

破冰游戏

我喜欢设置某些游戏，鼓励人们展开互动。我最喜欢的游戏是把名人（或动物）的名字用曲别针固定在客人的背上（我经常让孩子或朋友动手）。名字可以是电影角色、小说人物或体坛明星，只要适合宾客就好。

游戏规则是让客人互相提问，通过是非判断来确定背上写着的名字。"我现在还活着吗？""我得过奥斯卡吗？""我有尾巴吗？""我从事的是一项团队运动吗？"我总是发现"猜名字"的游戏对各个年龄段安静、害羞的人都很有用，能帮他们打破坚冰。猜出自己背上名字的客人会获得搞怪奖品。

如果是小型聚会，我喜欢所有客人都能参加进来的活动：制作爆米花项链、剥玉米、装饰圣诞树、制作香蕉船甜品、自制比萨等。

七个灵活的社交策略

做好准备是胜利的一半。

——塞万提斯

当进入社交场合，我们都准备融入进去，但是怎么做呢？大多数人会径直走向自己的朋友，和熟人在一起。但是，如果我们谁都不认识，或者朋友都在忙，或者我们想结识新朋友，那该怎么办？下面一些策略有助于结识新朋友。

策略一：海葵策略

帕特里克是一名内向者，他在华盛顿特区参加会议时，走进了一个只能站着的房间，房间里的人他都不认识。周围是一群商人，他们带来的压力使帕特里克感到焦虑，肚子和手臂都感觉不舒服。幸运的是，他事先知道如何在这样的情况下做出反应，所以他深吸了一口气——然后从房间里退了出来。他悠闲地上楼，来到一个阳台上，那里有几张又软又厚的椅子正空着。他坐在了一把椅子上，看着下面热闹的场面。过了一会儿，又有几个人从拥挤的人群中逃了出来，走上楼，很快就坐了下

· 192 ·

来，按照内向者的节奏聊着天。

这就是我所说的"海葵策略"——是我对付大型聚会最喜欢的策略之一。海葵是一种附着在岩石上的生物，触须随着水流摇曳。当身旁出现食物时，触须就会把它们抓住。

当我躲在聚会的某个地方时，也有同样的感受。找个位置坐下来，停靠在我的"岩石"上，这比在房间里晃来晃去要舒服得多。我很确定，有些人早晚会过来。只要一个友好的微笑，他们常常就会停下来与我交谈，互相开开玩笑。有些人停留了一会儿，有些人渐渐离开。很快，其他客人又会过来闲聊几句。

策略二：假装策略

在研究生阶段，我学习做一名心理咨询师，教授教给了我"假装策略"——要求我尝试新技能或者新角色，直到它成为自己的一部分。你要假装知道自己要做什么。当然，你要相信你**能**做到。一直假装，直到达到目的为止，这是你完成任务的另一种方式。一开始，我对教授很生气——他们是在开玩笑吗？这么重要的事，我怎么能假装自己会呢？很快我就意识到，作为一名没有经验的心理治疗师，"假装"就是我的一切。它是强大的工具，而且很有效。

许多内向者都很看重自己诚实可靠的秉性，我也是这样。所以，我必须提醒自己，我的行为里面有哪些**本质性**的品质。下面就是我想到的一些品质：

★ 首先，我知道我是一个很好的倾听者。

★ 其次，我知道我能反思听到的内容。

★ 然后，我知道自己想说的话，最后肯定会想出来，哪怕只是"下周我还想多了解一下"这种话。

★ 最后，我想要帮助别人。

所以，在治疗过程中，我会悄悄进入倾听模式。很快，就像骑着童车的孩子，没有意识到辅助轮已经收起来了。我开始觉得，没有"假装"的辅助，我也可以成为心理治疗师。

这种体验如何用于社交生活？参加聚会的时候，你要"假装"自己是一名自信的**内向的**宾客。想象自己很镇定，回忆你某次与别人交往时镇定自若的感觉，采取"我要假装到成功为止"的态度。对陌生人微笑。看看人们并对他们保持好奇心。提醒自己，尽管我可能会觉得坐立不安，但**看起来**要很平静。

你投射给别人的印象与你自己的感觉是不同的。提醒你自己，你有很多有趣的事情要说。与一个人目光接触，然后加入他所在的那群人。你可以听一下人们说了什么，评论一下，补充一个自己的观点。几分钟后，换另一群人。很快，你的辅助轮就会离地了，你会感觉很放松。这些体验并不总是完美的。你起初可能会经历厌恶、紧张的感觉——还带着一点焦虑——或许还有尴尬的时刻。但总体来说，你会表现得"足够好"。你越是"假装"自信，便越会真的自信。尤其是，这个技巧的秘诀就是"假装"的自己已经成了你的一部分。那就是没有恐惧的自己！

策略三：道具策略

一个性格内向的朋友教了我一个绝妙的技巧。当去参加聚会时，她会带一样道具——一条上面画着微型人物画的陶瓷项链。她有好几条这样的项链。一条项链上画着活泼骄傲的猫。还有一条项链上是舞者人像，戴着它，就好像舞者在围绕着她的脖子跳舞。它们看起来稀奇又有趣。人们问她这些稀奇古怪的人物是谁，她从哪里弄来的项链。一场谈话已经开始了。社交活动中的其他人也会松一口气，因为有了可以关注和评论的事情。

一开始，你可能认为道具会吸引太多注意力，让你感觉受到了过度的刺激。但我的来访者发现，事实并非如此。道具的作用是把人们的关注点放在道具上，而不是你身上。

戴一个胸针、一个古老的政治徽章、一个有微型画的吊坠、一顶滑稽的帽子、一个不寻常的头发配饰，或者一个特别的戒指或手表，这些都是很有趣的。我有一个小熊维尼的手表（维尼被蜜蜂追着跑），实际上已经有人告诉我："我知道，只要戴着小熊维尼的手表，你肯定就不会全搞砸。"我还有一些滑稽的袜子，我总是惊讶有那么多人注意到这些袜子，并从我宽松的裤腿下面偷看它们。我喜欢穿上面有浅色闪光亮片或水钻装饰的鞋子。人们通常会对这些鞋子评论一两句。至于领带，迈克尔有不少上面有卡通人物的领带。只要看到它们，人们就会立即和他谈论他们最喜欢的卡通人物。如果你只想要一些评论，那就选择一些精巧的东西。如果你选择正确，所选的道具将会吸引那些你想要交谈的人。我喜欢有幽默感的人，所以当我戴着格鲁乔眼镜，或者穿着奇拉着耳朵的小猎犬图案的袜子时，我通常会喜欢嘲笑它们的人。因为我有道具，人们就认为我这人挺好。给孩子做第一次心理咨询的时候，我戴着米老鼠腰包，孩子立马对腰包和我都热情起来。

宠物和孩子是很好的道具（当然，作用远不止于此）。另一个好道具是照相机。在社交场合拍照的人，往往是感觉最尴尬的人。许多内向的公众人物——蒂珀·戈尔就是一个很好的例子——都发现拍照能让人精神放松，减轻压力。他们利用自己的内向者能力从远处——既在谈话"之外"，又身处人群"之中"——观察。这是一种调节自身所受到的刺激的聪明的方法。

策略四：表情友好

正如我在本章开头提到的，在社交场合与陌生人偶遇中的某些事情，会令内向者特别不适，包括眼神交流、闲聊、弄清楚什么时候该微笑以及掩饰尴尬的时刻（比如忘记一个朋友的名字）。请记住，即使是外向者，他们在和陌生人交往时也会尴尬。

眼神交流

四目相对会带来更多刺激，所以我们内向的人往往会避开它。为了降低刺激的程度，把目光移开是可以的。秘诀在于你要知道**何时**该往别处看。以下是一些建议：

★　当人们和你说话的时候，直视对方。

★　当你说话的时候，你可以把目光移开，同时似乎仍然在对话

"之中"。

★　用眼神接触来起强调作用——紧盯着对方能增强话语的效力。

★　眼睛可以在没有语言的情况下说话，所以要练习扬起眉毛（哦，真的吗）、眨眼睛（哇）、转动眼睛（我不相信）、睁大眼睛（你一定是在开玩笑），扩大语言以外的表达手段。

人们喜欢感到听众对自己的话有反应。你可以在一句话不说的情况下显示自己对谈话感兴趣。你可以用眼睛微笑——而不仅仅是嘴巴。

蒙娜丽莎的微笑

人类微笑和流露表情的原因是要与他人交往。内向者专注于内在的世界，他们通常不期望外界的回应。结果他们往往会神情镇定，不苟言笑。他们在潜意识里知道，看起来更有活力可能会带来更多的刺激和干扰。但是，对于那些拼命寻找友好面孔的其他聚会参与者来说，缺乏表情是不受欢迎的，甚至会令人退避三舍。与此同时，如果你走到另一个极端，微笑太多，其他拘谨或害羞的人可能会觉得你过于咄咄逼人。你想亲近咧着大嘴的柴郡猫吗？

所以，你要学习微笑的艺术。一开始要闭上嘴唇微笑。当你感觉与某人共处更自在之后，你可以露出一点牙齿。顺便说一下，研究表明，我们可以通过微笑来提高自身的情绪——它会影响我们大脑中的"化学情绪提升器"。

策略五：闲聊不随便

许多内向者没有意识到，闲聊有一个任何人都能掌握的逻辑。闲聊由四个阶段组成：起、承、转、合。

第一阶段：起

"做好准备"是童子军的座右铭，也适用于聚会中的谈话。在你参加一个会议、聚会或其他活动之前，先看看杂志或报纸，或者流行的电视节目或电影，为谈话收集话题素材。温习一下最新的政治话题，准备一些评论、观点或问题。研究表明，如果你想加入一个正在交谈的人群，最好的切入口是提一个与当前话题相关的问题。在加入一个人群后不要转向新话题，否则这个群体会感受到威胁。

"起"，或者说开头部分，应该是开放的、中立的问题，这样有助于邀请其他人与你交谈，所以写下几句你想说的有关自己或聚会的话，在镜子前练习或找朋友练习。就像开胃菜一样，这些话会刺激食欲，给别人开始交谈的机会。以下是几个例子：

★ "你好，我是马蒂。你是怎么认识主人的？"
★ "你好，我喜欢他们演奏的音乐。你知道曲子的名字吗？"
★ "你好，我是马蒂，吉姆是我的老板。房子好漂亮啊！"
★ "这个真好吃，对不对？"
★ "我很喜欢后院。"

第二阶段：承

学会说一些评论，以便让谈话继续进行下去，用有启发性的问题来维持谈话，征询人们的意见或评论。如果话题是最新的票房杀手或热门电视节目，以下是一些适用于承接的问题：

- ★ "你看过那部电影了吗？"
- ★ "这电影是讲什么的？"
- ★ "你喜欢这部电影的什么？"
- ★ "这部电影的主旨是什么？"
- ★ "你觉得表演怎么样？"
- ★ "我不知道为什么那个节目如此受欢迎，你怎么看？"

第三阶段：转

内向者在闲聊时常常感到情绪不稳定。如果谈话开始变得无话可说了，变得让人不舒服，或者太过个人化，他们会感觉更不安。幸好，你记得自己有控制话题的能力，可以在对话触礁之前导向更安全的海岸。一般来说，回到上一个话题会很好。以下就是几个很好的例子：

- ★ "你说过自己是当老师的，你教几年级呢？"
- ★ "你提到自己去度假了，去哪里了呀？"
- ★ "刚才你说有个儿子，他多大了？"

不舒服也可能表明该换话题了。记住，如果谈话不只是无话可说，而是走向终结，那就不要试图起死回生了。如果你意识到，追问私人问题的家伙太八卦，还听不懂暗示，那就不要试着继续了。或者如果你感觉对话的一方想要休息，那就休息一会儿吧！你可以用下面的建议来结束谈话。

第四阶段：合

社会研究发现，站着聊天的群体谈话持续时间平均为 5 到 20 分钟，最多 30 分钟。所以，有人离开你找别人聊天的时候，不要生气。这似乎是人类的动物本性——"我不想离开这个有趣的谈话，但我看到杰克在那边，我要和他说几句话"。如果你真的喜欢和某人聊天，可以稍晚再联络。如果有意愿，你可以在离开之前要对方的电话号码或名片："有时间的话，我很想和你一起喝杯咖啡""我可以给你打电话吗"。

不要不辞而别，这对一对一交谈或群体谈话都很重要。不要像鬼魂一样莫名地消失。告别要简短干脆。这几句话可以帮助你从谈话中脱身，所以要练习一下——如果有人在你身上使用，你不要认为是针对你：

★ "对不起，我得去再加点喝的。"

★ "我很喜欢这次谈话，但我看到老板在那边，我想过去打个招呼。"

★ "对不起，我答应孩子这个点儿要给他（她）打电话。"

★ "很抱歉，我现在要去加点宾治酒。我们一会儿再聊好吗？"

★ "洗手间在那边吗？谢谢。"

★ "哦，山姆在哪里？我要去跟他打个招呼。"

★ "对不起，我答应女主人要去厨房帮一会儿忙。"

★ "我想我现在要去拿点吃的了——排队的人好像变少了。"

如果对方不想聊了，那就客套两句，放他去吧：

★ "和你谈话很愉快。"

★ "我很高兴认识你。"

★ "我很喜欢我们的聊天。"

★ "祝你晚上愉快！"

策略六：应急措施

如果你练习了这些能让闲谈更顺畅的策略，做了充分的准备，尽了最大的努力，可惜还是不如意，坐立不安，那该怎么办呢？你能采取什么"急救"措施？下面是一些处理方法，情况不妙的时候，它们会帮助你减轻"不堪重负"的感觉和焦虑：

★ 做几次深呼吸。这个办法一向有效。

★ 离开。找个新的地方坐下或站着观看人群。

★ 到卫生间休息片刻。在额头上放一块湿毛巾，闭上眼睛休息几分钟。

★ 提醒自己："这不是我。"如果要解开心结，那就反复这样对自己说。告诉自己会好的。

★ 请朋友或伴侣陪你到外面走一会儿。

★ 四处闲逛，边走边唱（有转移情绪的作用）。

★ 如果你累了，准备离开，一定要让同伴知道。要是提前定好暗号，那就能派上用场了。

当你没有处于危机模式时，看看其他需要透气的人是如何处理的。如果向一些朋友询问，你可能会惊讶地发现，他们有各种各样的应急手段。

策略七："土拨鼠日"

通常，在聚会上发生令人讨厌的事情之后，我们会在脑海中一遍又一遍地回想这件事：我们说了什么，别人做了什么（有点儿像电影《土拨鼠日》，电影中比尔·默里把同一天过了一遍又一遍）。

当然，这是我们内心的自我批评，指责我们任何可能的越界行为——我们闭口不言，我们说得太多，我们笑得不够，我们觉得太不舒服。这是痛苦的内心拷问，需要打断它。

我曾经有一个来访者，罗莉。她是一名物理学教授。她内心中的法官非常严厉，对她的一举一动都加以批评。在治疗的时候，罗莉和我一起努力减少评判法官的力量。慢慢地，罗莉头脑里的法官形象——一个穿着黑袍，脸色严峻，头发灰白，重重地敲打着小木槌大声训斥着罗莉的女人——变成了一个穿着夏威夷衬衫的悠闲教练，褐色的脚上穿着人字拖。这位新的"辩护人"更容易让人接受，她微笑着从插着小花伞的杯子里啜了一口热带冰茶，说着："嘿，放松点，你做得很好。我请你喝杯茶吧！"

　　退出社交活动后，如果你意识到那些消极的谈话依然在你的脑海中存在，试着在脑海中勾勒一下批评你的 "法官" 形象。首先告诉他或她 "闭嘴"。接下来，把注意力转移到令人愉快的事物上，比如海滩、篝火、雪天或雨天。最后，用一个更友善、更温和、充满鼓励的话语，如 "你做得很好" 来代替批评的声音。如果这不起作用，那就想象一位和善的人，让他或她来鼓励你。这个人可以是你生活中听到过，或者在电影里，或者在电视上看到过的人物。也许你可以召唤出电影《绿野仙踪》里鼓励多萝西的好女巫格伦达，或者是帮助灰姑娘的仙女教母，或者约翰·伍德（坚定公正的前加州大学洛杉矶分校篮球教练，他期望自己的队伍能有好的表现，但也知道每名队员都可能犯错）。

离开聚会：太好了

在上岸之前，别招惹鳄鱼。

——科德尔·赫尔

聚会之前，制订你的逃跑计划。在脑海中有一个明确的离开时间。这样你就会知道，自己的精力是有保障的。和你的同伴提前讨论这个问题。如果你愿意，你可以多待一会儿（如果发生这种情况，记住并尽情享受这一刻）。那种**想要**留下来的美好感觉可能不会经常出现。

尽可能自己开车去，这样的话你可以想走就走，而不会被困住。虽然你和配偶各开一辆车的想法似乎有点奇怪，但从长远来看是有意义的。你们两人可以分别离开，避免等对方一块儿走，或者没尽兴就离开而带来不快。

到了该走的时候，别忘了和主人说再见。有时内向者在快要离开时已经煎熬难耐了，以至于忘掉说声谢谢。

当你准备好逃离聚会的时候，下面是一些经验证明很好用的临别话语：

★ "我只是精疲力竭了，所以我要离开了，但这真是一个很棒的聚会。"

★ "我玩得很开心。对不起，现在我得走了。"

★ "我答应过保姆不能回家太晚，所以现在得走了。"

★ "我们真的玩得很开心。很高兴见到大家。谢谢你邀请我们。"

★ "很遗憾，我明天一大早就得从家里离开。聚会真棒！我们下次再聊。"

如果你觉得跟主人再见一次面都受不了，不妨不辞而别，但第二天要打个电话，或者发一封电子邮件，或者寄一张感谢卡片。记住，内向者不需要打电话或者面对面交流，也有很多方法与别人保持有意义的人际关系，同时做好自己。

过节总是老一套？

你自己才是唯一的礼物。

——拉尔夫·瓦尔多·爱默生

节假日最耗费精力。内向者在此期间可能会刺激过度，即使是外向者也会感到体力消耗过大。这时候，你要找些不那么忙碌喧嚣的庆祝方式。许多家庭年复一年地计划节日庆祝活动，却从来没有问过自己，那是否是他们真正想做的事情，也没有彼此谈论过新的庆祝方式。这是为什么呢？因为"我们一直以来就是这样做的"。

走出过节方式的"自动"模式吧！考虑做不一样的事情的可能性。问问你家里的其他人，什么对他们最有意义。问问自己同样的问题。如果每个人都喜欢传统的庆祝方式，那就保留原样。如果他们想尝试一些新的东西，那就去尝试创新吧！

举个例子，如果你必须在一天之内见两家亲戚，对内向者来说，这可能太多了——对孩子和大人也一样——那就把走亲戚分成两天，或者每家只待 2 个小时，而不是半天。还有另一个办法：大家一块儿去安静的地方游玩。

我的一个朋友不是围着摆满食物的餐桌过传统的感恩节，而是在红木森林里野餐，踩着软软的松针闲逛，吃点火鸡三明治。然后他们躺下，听风吹动树枝的声音。

也许你想要开始一种新的家庭传统，比如在沙滩上搜寻复活节彩蛋，或者在收容所里为无家可归者提供餐食。我的一个来访者曾邀请一名当地大学的外国留学生到家里过节。

让节假日尽可能过得丰富而又简便，去除那些你不能或不想做的事情。对节假日的期望会很快把精力耗光，所以要记得给自己充足的选择。

电话恐惧症

在我发给内向者的问卷中，我问他们关于内向的经历，很多人提到了电话恐惧症，所以我决定把它作为本章的单独一节。

以下是大多数内向者对电话的评价：它是一种干扰，能耗尽我的能量，并且让我丧失内在的专注力，然后我得再次集聚注意力；打电话需要消耗精力来"立即答复"；它并没有给我提供愉悦的瞬间。内向者在白天需要消耗那么多的能量，所以他们不能动不动就把能量耗尽。

如果你也有电话恐惧症，下面有一些有益的建议：

★　让你的答录机为你回答，当准备好说话的时候，你再去回电话。我的来访者马特是一名销售员，他说如果每一个电话他都得亲自接听，那就"累死了"。因此，他有专门的回电时间，这样就给了自己一个奖励：其余时间里不用打电话。

★　保持通话简短，除非对方是你想要深入交谈的人。说话时要保持呼吸顺畅，如果有无绳电话或手机，你可以边打电话边踱步。想结束对话时可以这样说："虽然我很想再聊一会儿，但下一个客户过来之前，我需要再打几个电话。那就再见了。"

★　不要因为没有接别人的电话而感到内疚——就像人们常说的，要有**筛选**。这是你的权利。不要觉得"留言通电"（用电话留言、回复电话留言）很尴尬。我注意到，我通常很难打电话联系上那些取笑"留言通电"的人，但他们却希望你随时都能接**他们**打来的电话。

★　不要因为不喜欢接电话而责备自己，这不是性格缺陷。这有助于理解你**为什么**不喜欢接电话。

★　尽可能多地使用电子邮件。

结语：社交活动就讲这么多，我保证

世界上每一个人都想要、都需要的一样东西就是友善交往。

——威廉·E. 霍莱尔

研究表明，内向者在社交场合经常不能同时处理多个任务。他们专注于调节自己的焦虑感，花很多精力与他人交往，而往往没有意识到**其他**人对**他们**的反应。比如，内向者往往不会注意其他人喜欢他们这个事实，所以他们交往得就不那么愉快。换句话说，他们可能没有注意有人以积极的方式回应他们的一些社交信号：微笑、身体靠向他们、寻找他们（相比之下，外向者通常马上就懂了）。研究人员称之为"社交暗示理解障碍"。这经常发生在内向者要离开活动的时候——他们不知道参加这个活动是否值得，因为他们不确定人们是否喜欢他们，所以没有享受到愉悦感。所以，下次，当你离开欢乐的聚会时，要提醒自己，很多人都喜欢你的陪伴。事实上，我发现大多数内向者在社交聚会上都很受欢迎——毕竟，外向者需要好的倾听者！

■ 社交活动是消耗能量的。

■ 在社交活动之前要保存能量。

■ 计划如何进入和退出社交场合，以及如何开始与人交谈。

■ 允许自己作为一个内向者参加社交活动。

■ 仔细规划，这样，你可以享受许多的社交活动。

■ 休息一下，调节你受到的刺激。这没有任何问题。

第七章 | 工作：朝九晚五的危险

工作总在我面前，报酬总在工作中。

——无名氏

对内向者来说，工作场所可能会充斥着许多陷阱——大多数情况都要求内向者具有许多技能应对舒适区之外的危险。这就是为什么内向者经常在家工作或弹性工作的原因。但是，并不是所有内向者都能找到最适合自己的工作环境，所以，了解如何避免朝九晚五的潜在危险是至关重要的。

几年前，一个公司请我与两名员工谈话——他们俩之间经常互相误解。他们希望我能够帮助杰克（外向的经理）和卡尔（内向的员工）解决分歧。

我先和卡尔做了交谈，他说："杰克用一堆问题对我狂轰滥炸。我想让他停下来，慢一点，给我一分钟。他不让我仔细考虑，也不听我的想法。他只是说了一堆，然后决定按照自己的方式做事。最后搞得我头疼和胃疼，我晚上都失眠了。"

然后我和杰克做了沟通，他说："我都准备发火了。卡尔总是退缩。他躲在办公室里，在会议上一言不发，什么建议也不提。我觉得他不擅长团队合作。"

我很快看出来了，很明显，这两个人之所以老是相互碰撞，是因为一个人性格外向，另一个人性格内向。因为两人都不理解对方，最后就互相指责。在这种工作环境中，效率是很难提升的。

在奥托·克劳格和珍妮特·苏森的《赢在性格》（*Type Talk at Work*）一书中，作者讨论了性格内向和外向的人在工作中的差异："性格外向者的个性表露在外，而内向者与外向者不同，他们通常会把最好的部分隐蔽起来。对于外向者，你看到什么就是什么。而对于内向者来说，你所看到的只是他们个性的一部分。内向者个性中最丰富、最可靠的部分并不一定与外界分享。让他们敞开心扉需要时间、信任和特定的环境。"

为什么总是外向者受到表扬?

谦虚的人通常是受人钦佩的——如果人们了解他的话。

——埃德·豪

内向者喜欢埋头苦干,或许不如外向者那样显得"机灵"。个中原因很容易理解。简是一个性格内向的编辑,她告诉我说:"当我最终向他们敞开心扉的时候,总是看到人们脸上同样惊讶的表情。我对本学科的认识让他们震惊。我很安静,但这并不意味着我什么都不知道。"

外向的人从办公桌后面走出来,和同事们见面打招呼。他们喜欢在工作之余或周末与同事密切交往,关注公司的内部消息。他们通常是热情而富有表现力的。他们喜欢谈论自己的成就,也不介意成为众人瞩目的焦点。事实上,耀眼的光芒可能正是他们追求的。他们会在会议中抛出一堆想法;在一大群人面前侃侃而谈;也喜欢在电话中聊天。他们喜欢什么事都参与其中,你可以看到他们从一个地方飞奔到另一个地方,显得很忙碌而又重要。他们下决断很快,头脑风暴活跃极了,一点点的"打嘴仗"并不会令他们烦恼;事实上,他们可能认为争论很有趣。他们是天生的自我推销者和沟通者。他们是自己的最佳代言人。

外向者就像灯塔,把灯光照向世界。内向者则更像灯笼,在内部散发光芒。两者聚焦火焰（能量）的方式和注意力的指向是有差别的，这几乎给他们所做的每件事都带来了困难。但正如卡尔的例子表明的那样，在工作中它可能尤其成问题。

卡尔，就像许多工作场所的内向者一样，是我称之为"不露锋芒综合征"的典型例子。杰克和许多在工作场所的外向者一样，误解了卡尔的行为方式（没有把他看作是团队合作者），也没能欣赏卡尔的天赋和技能。而卡尔，由于他内向的天性，没有意识到杰克看不到自己的贡献。这是一个常见的彼此误解的例子。在本章的后面，我将再次谈到卡尔和杰克如何解决他们之间的分歧。

尽管内向者所散发的光芒与外向者不同，但内向者可以在工作场所影响别人对自己的看法。本章首先主要让内向者了解如何在会议上发光，（稍微）自吹几句，同时保证自己的节奏不受干扰；其次介绍了提高语言表达能力的方法，让那些能言善辩的外向者听到内向者的声音；再次介绍了四种常见的压力及其应对方式；最后介绍了内向型老板与员工沟通的方法。这里的部分主题不仅与工作有关，还涉及生活的其他方面。请记住，重要的是让同事和老板知道你的价值。

内向者如何发挥影响力？

> 永远不要抛弃自己的天赋。顺应天性，你就会成功。
>
> ——悉尼·史密斯

内向者往往会因为贡献没有受到重视而感到惊讶。如果他们有过一再被无视和忽略的经历，就可能会心生怨恨。但是，他们依然对这种事情发生的原因感到困惑。工作环境就像社交场所一样，需要某些与内向者天性相违背的技能。受大脑生理机能的影响，内向者的行为方式往往会使其遭到忽略。让我们来看看三个最大的困难来源——不愿在会议上发言、不愿自吹、工作节奏慢。我们要了解这些困难的问题出在哪里，怎样去改善。

每个外向的员工都应该知道的有关内向者的事

当外向者（多数）在工作场所与内向者（少数）共处时，他们都需要了解对方：

- 喜欢安静以专注工作。
- 关心工作和工作场所本身。

- 可能在沟通上有困难。

- 可能知道的比流露出来的更多。

- 可能看起来很安静和很冷漠。

- 需要别人征求他们的意见和想法（而不是塞给他们）。

- 喜欢处理长期的、复杂的问题，而且关注细节。

- 需要了解任务的意义。

- 不喜欢打扰别人和被别人打扰。

- 需要在演讲和行动前思考和反思。

- 喜欢独自工作。

- 可能不愿假手他人。

- 更喜欢待在办公室或小隔间，而不是去社交。

- 不喜欢引起别人的注意。

- 没有监督也工作得很好。

- 可能在记忆人名和面孔方面有困难。

为什么内向者不在会议上发言呢？首要的一个原因是，内向者通常会发现，自己在一大群人中很难吸收新信息，**并且**形成自己的看法。他们需要会议之后花时间筛选、整理信息。接下来，他们需要检索并增添自己的想法和感受。他们可以不声不响地将这些事情混合，并浓缩成原创的想法和建议。但这需要时间（还记得他们大脑中长长的神经通路吗）。这就像酿葡萄酒或烤面包一样，匆忙不得。

每个性格内向的员工都应该知道的外向者的事

就像外向者需要接受内向者的性格一样，内向者最好也记住外向者的特点：

- 社交关系良好，与同事社交多。
- 关注公司的各种内部消息。
- 对别人的请求反应迅速，行动不假思索。
- 喜欢打电话，并将打扰视为一种受欢迎的消遣方式。
- 进展缓慢或原地打转时会感到不耐烦。
- 通过交往和讨论来形成思想观点。
- 善于推销自己。
- 很喜欢四处走动，更喜欢外出活动。
- 喜欢边思考边发言。
- 语言表达出色，喜欢打口水仗，喜欢问许多问题。
- 喜欢站在多数人的一边，没有上司支持会感到很孤立。
- 喜欢并享受别人的关注。
- 容易为其他外向者所吸引。

第二，内向者必须花费额外的能量来处理会议上所说的内容。对他们来说，专注于外面的世界就像驾驶一辆SUV（运动型实用汽车），几乎没剩下什么能量用于说话了。通过大声说话来吸引他人的注意力，真的会耗尽他们的体能。他们讲话会声音很低，没有眼神交流，而且犹犹豫豫。同事可能不会注意或认为他们的话语有什么意义。

第三，大声讲话往往会增加内向者在群体中所感受到的紧张感。这让内向者很难表达清楚。内向者如果不是处于放松和舒适的状态，通常不会轻易说话。如果因为这个群体发生了冲突或者其他原因，使得内向者受到了过度刺激，他们就更可能会"大脑当机"了——搜肠刮肚却找不到要用的词。这种情况发生几次之后，他们会预料那种可怕的焦虑感，于是就不愿开口说话了。

第四，内向者在发言前会想很多，所以等到开口的时候，话题可能已经过去了。或者，由于思维方式的差异，他们可能不会从头讲，而是从中途进入，或者只把结论说出来。当意识到自己的话不合时宜，或者令其他人感到困惑时，他们往往会得出这样的结论——他们没能很好地表达自己，也可能再也不说了。

内向者如何让同事了解自己正参与其中

★ 在会议前，放松自己，在安静无人的场所做 5 分钟深呼吸。

★ 尽量不要在同一天安排太多的会议，会议期间要休息。

★ 进入房间时向其他人问好并微笑，离开的时候说再见。

★ 进入房间时要找好位置（比如选择门口旁边的位置，便于出去休息）。

★ 做笔记。这可以帮助你专注于自己的想法，减少外部压力。

★ 使用非语言的信号——点头、眼神交流、微笑——让别人知道你在注意听。

★　说些什么——抛出问题，或者重复别人的话。

★　开口声音要坚定，引起人们的注意，如"我要做一个补充"或者"我的想法是……"。

★　观点表达要完整，从开头、展开到结论。

★　如果你知道自己的想法与当前会议进度不同步，你可以说："斯坦，我想对你几分钟前提到的内容做一点补充。"

★　让人们知道你会继续思考："我会考虑一下这些想法，然后告诉你们我的看法。"

★　会议结束时感谢主持人、演讲者或部门领导。

★　如果你发言了，不管发生什么事，都要祝贺你自己。

★　第二天发一封电子邮件、留便条或者附有评论的备忘录，给出自己的意见。向别人询问对于你的观点的反馈意见："你认为怎么样？"

如何巧妙地自我追捧

如果不把脚放在绳子上，你就永远越不过那个鸿沟。

——丽兹·史密斯

我的来访者萨曼莎沉默寡言，我总是得问她："你能多说一点吗？"有一天，我跟她开玩笑："你今天是给中情局干活吗？个人信息全部保密？"她看着我，眼睛里似有东西闪烁，说："如果我告诉你，我就得杀了你。"我们都大笑了起来。我们俩都知道，她大部分时间都感到在人前露面太多，受到了过度刺激——即便面对自己的心理医生也有同感。

不难想象，她向同事透露自己的信息该有多困难。

为什么内向者不去宣传推销自己呢？正如我在前面的章节中提到的，内向者的领地意识很强。他们喜欢自己的私密空间，而保持空间私密的一种方式是不向外界展示，从而减少向外的能量消耗，同时限制外界对他们的影响。

内向者不和人分享自己的信息还有一个原因：**他们**往往没有充分意识到自己所知道的事情。他们把丰富的情感、智慧和想象视为再正常不过的事。除非一个朋友碰巧提出了一个话题——比方说航海——否则，内向者可能连自己都意识不到，他们竟然懂得那么多。或者他们知道自己对一个小众话题感兴趣——比如大熊猫是如何繁殖的——但是他们认为其他人是不会对这个问题感兴趣的。

与此同时，内向者往往觉得，他们不需要别人知道自己在做什么——尤其是在工作中。因为，如果他们是老板，他们会关注自己投入了多少时间和精力。内向者没有意识到，外向的人不会以他们那种方式关注同样的行为。外向者需要更详细地了解内向者的工作情况，否则可能就会认为内向者没有做事。

内向者不暴露自己内心世界的最后一个原因是，他们并不特别需要外界的认可。尽管他们想以自己的成就得到他人的欣赏，但引起公众的注意可能是痛苦的、不舒服的事情——就像听见指甲在黑板上划过一样，那声音尖锐而又刺耳。

所有这些因素加起来都让内向者显得疏离、不愿合作；最坏的情况下，他们甚至会成为无足轻重的人。

内向者巧妙地自我吹捧，策略如下：

★　提醒自己，在和同事分享个人信息的时候，你总是有权结束聊天或者回避私人问题。

★　让老板知道什么类型的工作、项目和任务能引起你的兴趣。

★　如果你正在做一个小组项目，你可以自己发起一个会议——自己选择时间、地点、长度、议程和参与者。

★　为公司的内部通讯写一篇你感兴趣的文章。

★　告诉老板你完成的一件事："我解决了最后一个问题，我明天就把报告给你。"

★　以一种舒适、放松的方式与同事分享个人信息。例如，在等待使用复印机或传真机时，聊一聊你的爱好。

★　学会接受别人的赞美，"谢谢你"或者"我很感激你告诉我这一点"，这种话会鼓励人们来认可你，使他们感到赞美你是一件开心的事。

★　给其他同事赞美和认可。

★　在公司野餐或为生病的同事买鲜花时主动去帮忙，其他人会把你看作是一个团队中的一员。

三思而后行

内向者动作一般比外向者慢，这是他们表现得疏离或冷漠的另一个原因。他们需要每次只消耗一点能量，有计划、有节奏地使用能量。否则，他们的油箱最后会空空如也，而他们也会精疲力竭，油尽灯枯。他们需要时间把问题通透地思考一遍，并在工作过程中不断地进行评估。

在紧张的环境中，外向者可能会认为内向者节奏慢，所以看问题不敏锐、没有参与感，或者能力不足。

因为内向者往往语速缓慢，说话停顿时间又长，可能会表现得对自己的观点犹豫不定。事实上，他们对自己的想法进行了深入的思考。而且，正是因为他们对语义很重视，所以他们想要达到精确，选择最恰当的词语来表达自己的思想。但这可能会让外向的人抓狂：你怎么还不痛快地说出来啊！

此外，内向者愿意考虑别人的意见的价值。但是，他们真正讲出来的观点却可能被误读为缺乏说服力。就像我之前提到的，内向者通常不会费心去告诉别人自己的思考过程。可以预见的是，这会导致很多误解。

如何让同事知道，尽管你的节奏很慢，但你通常会赢得最后的比赛？

★ 对自己的节奏要有一种幽默感。

★ 艰巨的任务要趁早做；不要让工作纠缠住你，浪费能量。

★ 如果有出人意料的事情发生，不要慌张。采取行动之前做几次深呼吸，提醒自己在危机结束后，你可以以自己的速度回归工作。

★ 偶尔表露情绪："艾琳，知道你的想法我好兴奋呀，这些想法太棒了！"

★ 告诉同事，自己在沉默的时候也在想问题："这是一个好主意，我想一下。"

★ 如果团队其他成员走在你前面，不要觉得受伤，让他们等等你。

★ 当你知道会讨论某个话题时，准备一些评论（写下来），这样就可以简短发言了。

★ 让人们知道你关心他们的项目："比尔，我一直在考虑你的项目。我有一些想法。如果你愿意的话，我可以用电子邮件发给你。"

★ 商量任务期限的时候，要向老板解释需要更多时间的原因。

★ 问问别人，他们对你的建议有何反馈。

上下班路途中的时间

在通勤时间多想点积极的事情，激励自己：

• 提醒自己在一天中完成的事情。

• 为表现出的好习惯而自豪，什么习惯都可以。

• 记住愉快的谈话和获得的赞美。

• 回想一下你提出的任何新想法。

为什么要闪耀你的光芒？

你是一个优秀的员工，重要的是你不要忘记自己的贡献。每天提醒自己你给团队带来了什么：专注、忠诚、体贴、坚持、坚强、创造力、原创性、远见、广博的知识……这些还远非全部。

内向者通常是那些每天都在悄悄改善工作场所的员工。他们有能力做出艰难的决定，同时给同事留出空间。他们会发展持久的一对一关系，在没有人紧盯着的情况下会干得很好。内向者往往很体贴，渴望合作。他们是很好的倾听者和好老师。每一天都在自己努力的方向上闪耀着积极的光芒。

良性沟通可以激发团队的创造力

整个世界的变化源自与他人创造性地交流。

——约翰·加德纳

    交流使世界"运转"。不同沟通方式的结合会造就丰富、创新的工作环境。现在，我将讨论五个领域，在这些领域中，共同创造使我们能够将各人的风格协调起来，从而产生任何人独自工作都无法达到的结果。当员工掌握了非言语交流，有很强的解决冲突的能力，并且有能力进行辩论，参加头脑风暴，直接提出要求的时候，公司就会成长起来，维持发展劲头。通过加强这些方面的沟通技巧，我们就能创造出有利于每个人成长的职场文化。

如何突破对话困境

    有的交流方式会让工作环境更好，有的则是相反。没有什么能比内向者和外向者之间的沟通方式更快让人注意他们之间的差异了，而且如前所述，也没有什么比这能更容易引起误解的。

    每一种形式的交流都需要能量。口头交流涉及说话方式、关注对象、听到的内容，以及回应的方式。正如我们所看到的，对于内向者来说，开口说话通常是一个问题，因为这需要把油箱加满才行。内向者在说话之前需要有良好的精力储备，因为充实的交谈和寻找恰当的回应语句会很快把精力耗光。

搭建内向者与外向者之间交流的桥梁

与内向者交流的最佳方法有以下几个：

- 每次只谈论一个主题。

- 先提问，然后倾听。

- 给每个人足够的时间回应。

- 不要打断任何人的讲话。

- 如果可能的话，以书面形式进行沟通。

与外向者交流的最佳方法有以下几个：

- 口头交流。

- 让他们大声讲话，想到什么就说什么。

- 谈论多个主题。

- 预期到对方会立即行动。

- 让谈话继续进行下去。

事实上，研究表明，我们透露给别人的大部分信息——比如友好还是敌对，合作还是疏远——都不是通过语言传达的，而是依靠表情和动作：微笑、皱眉、叹息、触摸、轻敲手指、眼神交流，等等。与同事写

信交流（或通过电子邮件）是表达想法并让别人了解你的另一种方式，因为这些"元交流"消耗的能量较少，是内向者在工作中改善沟通的最好方式。你可以炫耀学识，但是不要太张扬。你可以让同事对你有更多的了解，并把你的大部分"内在能量"用在绝对必要的谈话上。以下是帮你实现少说话多交流的小建议：

★ 问候同事或老板时要微笑。

★ 在会议和小组中朝发言者点头，保持眼神交流。

★ 身体转向发言者，显示出对他或她所说的话感兴趣。

★ 承认空间布置是有意义的。例如，你可以说："咱们中间的椅子空着吧，坐得舒展一些。"

★ 向同事们说"你好"和"再见"（这似乎是显而易见的，但有时确实会忘记）。

★ 给同事们发送感谢信、电子邮件或电子贺卡，祝贺他们取得的成绩，或者告诉他们，你欣赏他们的行动和做法。

★ 复印一篇你认为同事或老板感兴趣的文章，附上便条送给对方。

★ 如果工作环境允许的话，可以给同事送生日贺卡或节日祝福。

★ 在撰写的**任何**材料上写下自己的名字。

如何有效地解决冲突

只要有对立的需求，冲突就会发生。虽然有些人（通常是外向者）看到火花飞舞的时候会特别精神，但其他人（通常是内向者）会尽力避免卷入。他们会不惜一切代价，避免面对冲突。冲突会耗尽他们的能量，所以他们会想尽办法去规避。但忽视冲突通常也是错误的。一方面，冲突不会自己消失；另一方面，内向者还是会感受到身体里无法解决的压力——实实在在的压力。他们会有头痛、胃痛和难以描述的不适感。由于冲突很容易升级，所以学会尽早处理冲突总是一个好主意。你最终会变得更加自信。

练习以下这些解决冲突的步骤，以便在需要的时候使用：

★　明确问题，并对问题的存在达成一致的看法。

★　了解你的内向性格和他人的外向性格是如何影响这个问题的。

★　试着从同事的角度来看待这个问题。

★　解决问题的过程中，要牢记内向者和外向者的视角。

那么，本章开头提到的卡尔和杰克是如何解决冲突的呢？他们能采取什么措施来跨越交流的鸿沟呢？按照上面的计划，我建议杰克和卡尔首先明确有争议的地方，并就有哪些分歧事项达成共识。杰克和卡尔解释说，他们总是误解对方。其次，我们讨论了两人不同的个性，一个内向，一个外向——没有对错，只是**不同**而已——以及交流受到了怎样的影响。然后，我建议他们换位思考，站在对方的立场看问题。杰克想要听到卡尔的观点，他认为卡尔不愿意表达自己的观点；那么，卡尔意识到杰克有多么沮丧了吗？杰克知道卡尔在会议上压力很大，很难开口说话吗？

我要他们就事论事，以便顺利解决问题。

结果是，卡尔发现自己需要尽可能远离办公室忙碌的工作节奏。于是，他向杰克申请在比较安静的地方工作，杰克同意了。杰克明白卡尔不喜欢立即回答问题，他同意在会议前一天把议程给卡尔。通过这种方式，卡尔可以在没有压力的情况下酝酿自己的（有价值的）观点，并且有足够的时间来斟酌。

最后，杰克决定给卡尔一些耗时长而又枯燥的项目。他自己讨厌这些项目，而且从来没想过有人会喜欢这些项目。卡尔意识到，他需要让杰克更多地了解自己的才能，这将确保他在公司团队中稳固的地位。

有时，与同事直接解决问题是不可能的。丹妮尔是我的一位来访者，她是一位内向者。她发现自己也处于类似的情况中。问题是从艾娜开始的，她是个外向者，被分配到丹妮尔的小隔间。而艾娜整天没完没了地聊天：跟丹妮尔说话，自言自语，打电话，连路过的人都要说几句。这让丹妮尔神经紧张得快要崩溃。更重要的是，这妨碍了她集中精力地投入到工作中。但是，当她和老板说要换工位时，老板拒绝了她的请求。什么原因呢？原来老板希望丹妮尔安静的举止和良好的工作习惯能感染艾娜。丹妮尔不知道该怎么办才好。她不想和艾娜发生冲突，特别是两个人在同一个隔间里。"我感到很无助。"她这样告诉我。

展示你自己

在某种程度上，不管喜欢与否，几乎所有的人都需要与别人交谈。

下述建议可以帮助你：

- 接受发言时所引起的焦虑感——这在每个人身上都会发生。

- 分析你的听众，针对他们准备发言。

- 了解你的主题。

- 多练习，直到你觉得游刃有余。

- 演讲前一周想象你自己充满自信、观众专注倾听的样子。

- 找一些友善的面孔，演讲时看着他们。

- 说话声音比平常大一些。

- 运用你天生的幽默。

- 记住，每一次演讲都不需要十全十美。

- 当一切结束时，恭喜你自己！

丹妮尔不得不自己寻找解决办法。她知道艾娜不可能改变"喋喋不休"的个性，特别是因为老板已经和她谈过此事了。丹妮尔和我一起进行头脑风暴，想出了几种既用不着辞职，也不会让她抓狂的办法。

丹妮尔告诉艾娜，自己在安静的、"公园一样"的环境中会干得更好，所以她用一排绿叶植物把小隔间从中间分开。它看起来很像户外，又没有特别明显地表现出对艾娜的排斥。丹妮尔戴着耳机，听着轻柔的音乐工作，这样她就不会听到艾娜的自言自语了。我们商定丹妮尔要偶尔和艾娜说说话，但前提是艾娜直接和她说话，如果艾娜对着空气说话，丹妮尔就不搭理她。如果丹妮尔需要集中注意力做事，她可以戴上耳机，或者问艾娜能不能在一段时间里少说话。丹妮尔现在感觉不那么累了，她和艾娜相处得很好。

与其避免冲突，不如试着创造性地解决冲突。你不仅能把工作干得更好，同时还能改善同事关系。你或许会为此感到惊讶呢！

如何避免打口水仗

研究人员发现，内向者和外向者争论问题的方式不同。外向者往往非要争个输赢。他们强调自己是正确的，有时会让对方（通常是内向者）感觉受到了冤枉。许多内向者会以双赢的方式进行辩论。他们希望每个人的想法都能被听到。一般来说，内向者倾向多质疑，少批评。**他们很少全心投入自己的视角，往往认为各个观点都是合理的。**

在工作中与外向者打口水仗是非常消耗能量的。记住，不要把外向者好斗的风格理解成是针对你个人的。以下补充一些建议帮助你磨砺技能：

★　保持冷静和顺畅呼吸。

★　提前考虑可能的反对意见，并在发言中说出来，同时给予回应。

★　在别人提出反对意见之前，先把可能的反对意见考虑进来。

★　如果有人提出了意料之外的反对意见，请仔细倾听。重述反对意见，并向对方询问你的总结是否准确（这会为你赢得思考的时间）。

★　如果反对意见是有根据的，那就像平常那样表扬反对意见的提出者："你是对的。我们需要想出方法来处理这个问题。"

★　如果对方继续反对，就问他："你认为我们如何才能找到一个可行的解决方案？"

★　记住，你有宝贵的想法，也有权利不同意别人的意见。

如何进行头脑风暴？

想出一连串的点子是头脑风暴的目标。主意不论好坏，只是数量**要多**。思想的雷电会把新点子激发出来，引导你去创新，帮助你在当今不断变化的市场中保持竞争力。外向者很自然地就能进行头脑风暴，因为他们是通过让能量在周身流动而活力四射的，同时他们可以毫不费力地交谈和思考。另外，为了让思想不受束缚，内向者需要安全感和接纳感。因为他们的想法往往创新性比较强，所以他们需要确保自己不会受到苛责。当别人突然产生各种想法的时候，他们只是好好倾听，第二天才带来自己的想法，这个方法对他们也许很有帮助——这给了他们晚上反思的时间用以消化和产生新东西。

如果你负责头脑风暴的活动，可以采取以下步骤来确保成效：

第一次讨论会

★　向大家说明，现在有一个问题或者概念要运用头脑风暴法，欢迎一切想法或者联想。

★　向大家解释一些人今天只是听，第二天再带回他们的想法。

★　写下所有的想法和联想。

★　明确指出：所有的想法都可以，没有对错之分。

★　告诉大家绝不允许有任何批评！

★　告诉大家，你愿意接受后续补充意见的电子邮件。

第二次讨论会

- ★ 把想法和联想归类到不同的主题中。
- ★ 根据公司的目标对主题进行优先排序。
- ★ 讨论结果。
- ★ 选择排名前三的解决方案。
- ★ 选择替代性方案。

如何向老板提出要求？

如果你是一名性格内向的员工，有时候就需要向老板直接提出要求。许多内向者做这种事会感到为难。提出要求不仅会让他们成为公众关注的焦点（他们天生就不喜欢这样），也会消耗他们能量。许多人担心自己大脑会变得一片空白，忘记他们想要说什么。或者，他们害怕在会议上大脑反应太慢。如果你也有这方面的问题，不妨试试下面的策略：

- ★ 把你的要求写下来，要具体。
- ★ 预测老板可能提出的反对意见，写下来。记下你的反驳意见。
- ★ 在镜子前或者跟伴侣、朋友练习讲话（在谈论一些会带来焦虑的事情之前，内向者可以先排练一下，这样会做得更好）。
- ★ 无论结果如何，祝贺你自己提出了要求。如果没有成功，要记住：你总是可以重谈这个问题的。想一想，能不能换一个方式，想出更多的方法来消除老板的担忧。

消除压力的措施

我发现，职场中有四个要素对内向者来说尤其成问题。第一个是可怕的最后期限。以下是在不失去冷静的情况下处理最后期限的策略。第二个是干扰。如果外向者突然对你说"只问一个简单的问题"，只要几个小诀窍就可以把他们搞定。第三，如果你担心记不住别人的名字和面孔，这里有一些技巧帮你把他们牢牢保存在你的记忆里。最后，作为一个内向者，在工作中，你会偶尔感到不知所措。所以，我总结了一个五步法，当遭遇这些问题时，这个方法能帮你减少可怕的"煎熬"感。

应对最后期限的五个策略

正如我前面所讨论的，内向者往往对最后期限感到很头疼。他们担心自己是否能够打起精神来完成任务，**并且**在压力并非过大的情况下，思考自己在做的事情。他们也许需要向老板解释，为什么他们需要额外的时间来完成工作。突然出现的最后期限是最成问题的，这就好比体育术语"突然死亡法"一样：两队平局，一队必须率先得分才能获胜。如果你和内向的老板共事，最后期限也许会是较早得到讨论的问题。试着让他或她灵活一点。跟老板说，你意识到最后期限不可能总是很宽松，但是提前告诉你这个期限，工作就会干得更好。

无论最后期限是什么时候，首先要把任务分解成小块。对于内向者来说，这是最有用的方法。它能帮助你减少焦虑、模糊感和无助感。具体方法如下所述：

★　把最后期限写在日历上，然后把任务分成几小块。弄清楚为了按时完成项目，你需要做些什么。

★　在日历上写下每天需要完成的事情。留出精力最旺盛的时段来做项目（例如，除周日外，我每天上午 6 点到 10 点写作）。

★　在计划中留出时间，应对预料之外的工作和干扰。

★　如果有一天没有完成全部任务，不要批评自己。重新安排工作，接下来的几天里，每天多干一些，然后坚持下去。

★　完成任务时给自己一点奖励：买一本新书，看一场电影，吃一块饼干，玩一次电子游戏。

如何避免"我就问一件事"和种种干扰？

除非内向者在等待别人，或者精力特别充沛，否则对于内向者来说，受到干扰的害处是很大的。他们常常因为不知道为什么被打断而感到恼怒。另外，外向者可以轻易地从一件事转到另一件事上。他们会因日程安排之外的意外干扰而精力更加旺盛。他们真的不明白：当有一个人突然出现在你的办公桌旁，举起一根手指说"我就问一件事"的时候，你为什么会觉得讨厌呢？

许多内向者难以应对干扰是有生理原因的。首先，你可能正在沉思，很难"跳出来"参与另一个话题，外向者将这种情况称为"反应迟钝"。注意力打断后，你可能需要一两分钟才能回过神来，所以你可能会感到困惑，甚至一时间根本没有注意伶牙俐齿的外向者对你说的话。你不得不跟上新话题。中断思考和转变话题都要消耗能量。打断注意力之后，你要花费更多的能量来回到以前的思考"位置"和关注点。有时你好几天都找不到确切的"位置"。

我有两个来访者是一对夫妇，他们合伙开了一家律师事务所。佐伊性格内向，伊森性格外向。如果她正在写一篇诉状，当有人——甚至是伊森——打开紧闭的门时，她会变得焦虑和恼怒。伊森喜欢顺便走进她的办公室，问问这，问问那，但佐伊表现得十分疏远，这让伊森很生气。我向他们解释了为什么不同的人看待工作中的"打扰"有不同的方式。在我解释了原因之后，伊森说："真是怪事，随便说两句话就能让我精神振奋。"佐伊也变得活泼了些，对他说："我现在知道，在受到打扰时自己会感到生气是有原因的，你都想不到知道这一点我有多高兴。我以前从来不知道自己为什么讨厌被打扰。"

以下是一些可以帮助你减少或转移别人贸然闯入和打扰的策略：

★　在门上挂一个日程表，列出空闲时间。

★　自制"请勿打扰"的标志牌。尽量幽默些。例如，加上卡通人物或图片，比如"思想者"图像。

★　在办公室的椅子上放满各种文件，甚至可以把多余的椅子搬出去。

★　对想找你的人说："我现在不能见你，但我 10 点有空。你能那时再来吗？"

★ 你站起来，慢慢地向门口走去，以此缩短见面的时间，说："对不起，我有个活儿要赶，得回去接着干了。"

★ 为每次谈话设定时限："我们周四用 15 分钟讨论一下。时间够吗？"

★ 走到隔间或办公室门口拦阻不速之客，说你要去开会或者上厕所："我们可以边走边聊。"

★ 如果需要脱身，你可以不住地点头，但不要说话，偶尔把目光移开，或者看手表。

★ 这些方法要是都没用，那就躲到员工休息室、餐厅洗手间等安静的角落去思考问题。

记忆的四个窍门

我年轻的时候，不论事情是否发生过，一切我都能记住。

——马克·吐温

玛尔塔告诉我说，她被介绍给一个新客户，可几分钟后她就记不起那个人的名字了，当时她是多么尴尬啊。她说："我好想溜到桌子下面躲起来啊。"

研究表明，许多内向者在面孔和名字识别方面都有困难。事实上，有学者提出，从理论上来说，难以识别熟悉的名字和面孔会增加内向者在工作社交中与人见面的焦虑感。如果你出现过此类问题，下面这些技巧可以帮助你牢牢记住名字或面孔：

★ 寻找特征——疤痕或痣、嘴唇形状、遮挡秃头的发型、眼镜、头发颜色。

★ 把名字转化成形象。例如，"卡拉"让我想起了一辆红色跑车，"格伦达"让我想起了长满青苔的英格兰峡谷。

★ 打招呼时重复名字："嗨，卡拉。"

★ 当你在房间里走动时，回头看这个人几次。在头脑中把名字和你的联想结合起来。

如果你确实忘记了名字或面孔，也不要太自责。每个人都时不时会大脑空白。

减轻压力五步法

刺激过度和压力太大时，我们不能思考，失去创造力，工作也干不好。学习几种方法让自己平静下来是至关重要的。

第一步：体会身体的感觉

放松的第一步——减少"巨大的压力"——就是试着把"思想"和"身体"分离开来。我知道，说起来容易做起来难，但你**可以**学着去做。作为一名心理治疗师，如果我的一个来访者感到压力太大，我总是先让那个人（我们叫她卡桑德拉吧）舒服地坐在摇椅上。然后我让她描述身体的感觉："告诉我，你的身体怎么了，卡桑德拉？"如果她在回答这个问题时有困难，我就问："你的手臂感觉如何？你的手感到刺痛还是

麻木？双手发紧吗？沉重吗？扭动一下你的肩膀，感到紧绷吗？"通常
来访者回答这些问题时就像开启了阀门，他们开始描述焦虑（刺痛、紧
张、冲动）或抑郁（沉重、疲倦、发呆、迟缓）。你越能向自己或他人
表述身体的感受，你就越能学会帮助自己。

第二步：深呼吸，喝点水

第二步是吸气。注意呼吸顺畅。大多数人在过度刺激的情况下会
屏住呼吸。所以，深吸一口到腹腔，然后呼出来。气吸进去的时候绷紧
肌肉，保持一分钟。注意放松和紧张的区别。喝一杯水。研究表明，即
使是轻微的脱水也会影响注意力集中、思维、新陈代谢和神经递质的传
输。罗伯特·库珀博士在《高能生活》（*High Energy Living*）一书中说，
水"会刺激并增加全身的能量生成，提高大脑和感官的警觉度"。

第三步：注意头脑中的对话

舒缓压力的第三个步骤是，注意头脑中发生的事情。当我们感到身
体有某些感觉时，我们就会赋予它**意义**。我们甚至不知道这一切正在发
生。这个过程从小时候就开始了，所以长大后早已习惯成自然。过程是
这样的：你的肚子收紧。潜意识反应是恐惧。恐惧意味着危险。危险意
味着坏事将会发生。接下来发生的通常就是有意识的。你脑子里有个声
音说，我不能这么做，我要失败了。这个声音增加了你最初的恐惧，你
感到像是瘫痪了一样。第三章里，我曾谈到内向者的大脑有一种机制，
能够在压力过大时减少刺激强度。来访者会用惊慌的声音对我说："我
不能思考。在我想发言的时候，我回答不了问题。"

注意你头脑中的声音，听听它在说什么。学会把它变成平静的声
音，这样可以减少你的恐惧。"我只是感到焦虑，但一切都会好起来

的。""我感到紧张。这并不意味着不好的事情会发生。我会没事的。"

第四步：回忆过往

第四个步骤是回想之前是怎样处理巨大的压力的。面对压力，我们可能会忘记我们知道的东西。我的一位来访者艾丽对即将要做的演讲充满了畏惧，我问了艾丽其他几次发言的情况，当时她能够很好地回答问题。艾丽说："哦，是的，我想起来了。我做过演讲，也回答过问题，不是吗？"我问她："如果你的大脑一片空白，你该怎么做？"她回答说："我可以说，让我想想，或者我可以问其他人是否遇到过这个问题，他们是怎么做的。我不需要自己回答所有的问题。""记住，"我对她说道，"你在任何时候都可以说，我会想出答案的，不过不是现在，而是在开车回家的路上。"提醒自己：你可以学会管理头脑和身体里不堪重负的感觉。你以前成功过，现在也会成功。

第五步：理解压力好的一面

容易感到压力过大是内向者固有的特点。不要批评自己。这是你最宝贵的品质之一。记住，这意味着你接收到了大量的信息，你的大脑非常活跃。

内向型老板如何与员工沟通？

你可能会惊讶地发现，许多内向者都是老板。他们经常表现出优秀的领导才能：正直、良好的判断力、做出艰难决定的能力、幽默感、求知欲，以及洞察过去、现在和未来的能力。尽管在很多方面，为内向的老板工作可能更容易些，但也可能是很成问题的。内向的老板可能会忘记与员工交流自己对工作的预期，不会放权，事必躬亲，也可能没有意识到赞扬和奖励好员工的重要性。

在我职业生涯的早期，我为一个性格内向的老板工作了一年多。我很幸运，我没有受到太多的监督指导，因为我只见过两次活生生的特丽莎本人——大多时候她是用文字交流。她在我开发的培训材料上随手写下一些评语，并且把学生对我的评估报告发给我。仅此而已。对于外向者来说，这种管理方式是可怕的。他们想要更多的合作，更多关于工作的反馈，以及更多的会议。我记得我们一年都没有开过一次员工会议了。

无论你是外向者还是内向者，如果你学会了让他们赶上时代潮流，通过电子邮件、笔记和备忘录来了解最新情况，你就能更好地与这些老板相处。如果想要更多的反馈，你去问就是了。性格内向的老板可能认为你不需要鼓励。因为外部力量对他们的激励作用不强，所以他们可能没有意识到许多员工需要鼓励和给予权力。

研究表明，与外向者相比，管理岗位上的内向者不太容易给予员工权力。如果你是一名性格内向的老板，请注意下面的要点。而且要记住，外向者与内向者需要用不同的因素去激励。

说出你的期望

★ 讨论你对工作的期望，并把它们写下来。

★ 向员工寻求反馈。

★ 给予员工反馈，告诉他们你看到他们身上有哪些优点，哪些地方又需要改进。

用牌子说话

我的一个内向型访客安娜最近开始了一份新工作。她告诉我说："马蒂，你不会相信的，我的新老板是个性格内向的人。她忙碌得很，干扰因素也很多。她把一个大大的牌子贴在桌子上，上面写着"抓紧现在"，目的是帮助自己集中注意力。她的脖子上戴着一个橙色丝带拴着的牌子，让人们知道她是什么心情——她是否想和同事聊天，还是只想继续工作。"我请安娜给我带来一份提示语单子，看到时我们都大笑起来。我说："你老板真是了解自己啊。她是你的好榜样。"以下就是她在办公室里戴的牌子列表：

• 请勿打扰。

• 请进，我已经准备好回答问题了。

• 休息中，不想谈工作。

- 请勿打扰，正在赶工。

- 对不起，我心情不好。

赋予员工一定的权力

★ 通过赋予更大的责任，来给员工授权。

★ 让员工们知道，你很信任他们。

★ 寻求建议、想法和解决方案，实施其中一部分。

★ 做员工的后盾，鼓励积极的工作态度。

激励员工

根据大多数研究，激励员工最有效的方法之一就是认可。这比单纯的加薪升职要复杂得多。这意味着要找到与他们个性相匹配的奖励。适合激励内向者的因素和外向者不同。外向者容易受到外部力量的激励，比如表扬、奖励的机会、众人的称赞（比如当选"本月最佳员工"）、激烈的比赛。相比之下，内向者则喜欢远离关注点。他们发现成为被关注的对象是一种惩罚，而不是一种乐趣。这并不意味着他们对认可和反馈没有反应。只要不刺激过度，他们就会有回应。我推荐你们阅读鲍勃·纳尔逊（Bob Nelson）撰写的《1001 种奖励员工的方法》（*1001 Ways to Reward Employees*），作者在书中讨论了认可员工的几个主要方面：

★ 找出每个人的工作动机。

★ 想出个人激励因素；让参与这个过程的每一个人都能有收获，有乐趣。

★ 把奖励与个人相匹配。

★ 把奖励与成就相匹配。

★ 奖励要及时和具体。

结语：享受你的工作

我越想做一件事，就越少将它视为工作。

——理查德·巴赫

这一章主要谈的是朝九晚五的生活为内向者设置的诸多陷阱。但是，尽管有很多危险，内向者们依然喜欢他们的工作，而且工作往往是他们生活中很重要的一部分。事实上，牛津大学幸福计划最近的一项研究表明，幸福的内向者比幸福的外向者更喜欢自己的工作。如果内向者可以学会与人交往，同时，在一天结束时不会感到精疲力竭，他们就可以利用"内在的力量"（内向者的优势）为公司带来难以置信的利益。

所以，不要忘记用自己觉得舒服的方式来"彰显自我"。毕竟，你做出了有价值的贡献，理应获得人们的认可和赞赏。没有内向者，任何组织都不能向前发展。外向者需要我们内向者，即使他们并不总是知道这一点。你可以启发启发他们。

思考要点

- 在工作中获得认可需要付出努力。

- 每天都要用某种巧妙的方式来自我推销。

- 保护自己免于能量过度消耗。

- 如果你觉得受到了"煎熬"，就学一些方法让自己平静下来。

- 记住，老板有你是很幸运的事。

第三部分 营造『刚刚好』的生活

伟大的点子需要起落架，也需要机翼。

——C.D. 杰克逊

第八章 | 个人步调、优先顺序和个人界限

我的力量完全在于坚韧不拔。

——路易斯·巴斯德

在第三章中，我谈到了内向性格背后的生理因素。由于这些因素，我们需要某种特定的滋养和关怀。我们需要利用自己的能量获得正确的生活步调，在保护内在能量的同时实现目标。在这一章中，我将讨论这三个概念——个人步调（Personal Pacing），优先顺序（Personal Priorities）和个人界限（Personal Parameters）——这可以帮助内向性格的你。个人步调指的是，学习设定你自己的节奏，让你完成想要做的事情，而不感到被压垮了或能量耗尽了。优先顺序让你考虑哪些目标最有意义，引导你运用能量实现它们。个人界限可以帮助你创建一个界限，让刺激保持在"刚刚好"的范围内——既不太多也不太少。当你学会使用这些建议时，你会发现自己可以获得更满意、更充实的生活。

个人步调

> 最微不足道的成功也经历了踯躅和痛苦，而人们却很少注意到这一点。
>
> ——安妮·莎莉文

还记得经典寓言《龟兔赛跑》中的角色吗？兔子非常自信它能在比赛中击败乌龟，于是在路边停下来小睡了一会儿。乌龟坚持着，慢慢地向前走着，就在兔子快要赶上的时候率先越过了终点线。

我为写本书所采访的几位内向者都把自己称为乌龟。他们一直都知道自己节奏很慢。因为生理机能的原因，内向的人可能吃东西比较慢，思考、工作、走路和说话也比外向的人慢一些。虽然我们可能终其一生都希望成为兔子，但我们可能没有意识到，放慢脚步的感觉会有多好。

就拿我来做个例子吧！我动作很慢。我最好的朋友瓦珥，她是典型的兔子。我们走路的时候，她常常大步走在我前面。我没法走得更快。在她到达目的地几分钟后我才赶到。她往往把周边情况都打探清楚了，还会给我几条建议。过去我一直试图跟上人们的步伐，但现在我不这么做了，其实也没带来什么麻烦。

我吃饭也慢。我已经学会在服务员来收盘子时该怎么做了。如果他们靠近我，我就迅速地把他们赶走。"我还没吃完呢。"这句话刚说出来，他们就离开了。我说话也很慢，来访者们都已经习惯等我把话慢慢讲完。我在生活中可能一直会走得很慢，但做成的事情也很多。关键在于步调。内向的人就像天美时手表——"即使人摔倒了，表却依然在运转"。

步调就是确立自己的节奏，然后继续前进。当你这样做的时候，你需要平衡能量的供给和身体各系统的需求，避免落入缺乏能量的境地。步调也意味着将活动分解成更小的单位。既然你肯定不会一辈子全速前进，那么了解自己的高潮与低潮——什么时候、怎样工作最好，分配多少时间给项目等很重要。你的节奏可能与别人的不同。接受内向的自己是非常重要的一件事。

你如果不给自己定好步调，最终便会感到被压垮了，什么事都做不了。如果拖延的话，情况会变得更糟，铸成大错。接着，焦虑、抑郁就会降临到你身上，让你陷入疯狂，变得健忘，注意力不集中，失去思考能力。抑郁则让你疲惫不堪，整天无精打采。

设定个人步调的好处在于，它能让你完成很多事情，同时又不至于精疲力竭。根据任务做规划，设定自己的步调。持续工作，直到全部完成为止。你如果为自己的生活制订了适当的节奏，就能避免拖延症，同时减少了抑郁和焦虑。这个方法在生活的各个方面都很有用。

适应变化

研究人员发现，内向的人（乌龟）往往比外向的人（兔子、赛马）更适应生活的变化，如衰老、退休、生病或受伤。赛马习惯了奔腾的生活，它们不断获胜，获得了许多奖杯。因此，它们在处理慢节奏时会出现问题。而乌龟习惯按运动量分配能量，更容易适应变化。

下面一些方法可以帮助你解决个人步调问题：

★ 注意状态的高潮和低谷，精力最充沛的时候做最重要、最困难的工作，精力下降时再去做简单一些的事情。

★ 目标要现实。美国文化告诉我们：一切都能得到。这只会给内向的人增加压力。专注于你能合理地获得并享受的事情——当然，这肯定不会是"一切都能得到"的事情。

★ 选择如何消耗你的能量。记住，供你使用的能量只有那么多。

★ 将项目分成小块。

身体的高峰和低谷

注意身体的节律是很重要的：何时是高峰，何时又是低谷。问问自己这些问题：

★ 早上我是精力充沛还是疲惫不堪？

★ 下午我是紧张还是放松？

★ 晚上我是活力满满还是精神不振？

★ 我什么时候喜欢锻炼身体和做运动?

★ 我什么时候注意力最集中:早上、下午还是半夜?

★ 我何时最疲惫,脑子里面嗡嗡作响?

★ 我在一天中的什么时候最喜欢和别人交往?

你如果不能马上给出明确的答案,那就写日记,并用一两周监测你的能量水平。记下每天醒来时的感觉。记录下状态的起伏(用趣味贴纸来代表各种情绪)。

你在早晨时是神采奕奕还是如同梦游?上午 10 点,你是状态下滑还是精神抖擞?到了中午,你是头昏脑涨,想要歇一会儿,还是刚刚睡醒?下午,你会觉得浑身乏力还是能量充沛?晚饭后,你想和孩子们玩游戏,还是准备倒头就睡?

既然你已经了解了自己的能量节奏,那就试着安排好你的每一天,高峰时做最重要的工作,低谷时做简单些的事情。不过,虽然我们有固定的步调,但能量总是在不断变化,所以要不断评估,必要时进行调整。

我为写这本书而采访过一名艺术家兼心理治疗师,她的名字叫吉尔。她的个人节奏规划相当科学。多年来,她一直关注着自己的能量模式,而且知道把所有客户都塞到周一到周三是效率最高的。这让她一周有 4 天时间在精致的英式花园中玩耍和画画。她也清楚地知道在达到无法承受的程度之前,自己可以参加多少场社交活动。我采访的另一名女性考特尼告诉我:"我们周末要去看电影,所以这周留给其他社交活动的时间只有一个空档了。外出两次就是我能承受的极限。"考特尼同样掌控着自己精力的高潮和低谷。

接受自己的不足之处

真正重要的是尽其所能做了什么。

——雪莉·洛德

　　我们成长在一个提倡"拥有一切""做到一切"、没有限制的社会之中。但事实上，我们都有局限性——尤其是性格内向的人。我们没有无限的能量。我们的能量是有限的，所以需要仔细考虑如何使用它。这是一种难以吞咽的苦药。然而，它也可能使我们的生活更有价值。当我们做出有意识的选择时，它让我们真正欣赏自己所**能做**的一切。

较慢的节奏

　　我有时在想，内向的人应该生活在古代。我有一个鞋盒，里面塞满了祖父母在 1896 年到 1899 年三年约会期间写给彼此的情书，文采好极了。

　　我的祖父是一位桥梁承建商，他建造箭背桥的足迹遍布整个中西部。在他和未婚妻分开的日子里，他会在晚间邮寄一封记录一天生活的信——讲述工作会议、火车窗外的风景等。她会用蓝色墨水在薄薄的、带着香草气息的纸上用漂亮的字迹写她弹奏的音乐、一起喝茶的朋友，以及她所住的花园。那时的生活以一种缓慢的节奏进行着。

　　一张名片从其中一封信中掉了出来，让我想起了世纪之交祖母的生活：周日下午2点到4点之间有客人。

在那个讲究礼数的年代，社交礼仪都助人们衡量生活的节奏。会客的时间过后是没有客人的时间。这对性格内向的人来说真是太好了。

我为了写这本书所采访过的许多人都接受了这样一个事实：他们不会有那么多朋友，不会像外向者那样工作，做很多事情。但是，他们与朋友之间的友谊更深，他们做有意义的工作，他们偏爱那些更微妙、更安静、更珍贵的生活瞬间。你越能欣赏性格内向的优点，你就越能接受自己能力有限的事实。这并不是说你有什么问题。有局限不是问题，是我们赋予局限的**含义**给我们带来如此多的痛苦。看看你是否能对你与生俱来的特点进行正面的评价。对自己说："我的能量很少，但这是我天性的一部分，我仍然能完成对我来说很重要的事情。"不要让自己被你无法改变的事情所束缚——一旦你接受了这个事实，它就能反过来解除你的束缚。记住，每个人都有局限，甚至是那些活泼的外向者。

我们希望拥有某种东西，但是我们没有，接受这一点最快捷的方法之一就是直面自己的失望。许多人想跳过这一步，也就是否认它。但是，如果假装不介意自己的身体并不精力充沛或者没有能力妙语连珠，你可能会暗自生气——对自己苛责不已——或者觉得自己有严重的缺陷。你可能会一直期待自己与众不同。我们被赋予了情感，来帮助自己度过人生。没法成为拥有无穷无尽能量的超人是很令人失望的，而如果你允许自己真实地感受失落，悲伤就会过去，你会认识到，高效利用自己拥有的能量也是值得欣赏的。

学会权衡

即使是最活跃的外向者也不能什么都做。权衡对每个人来说都很重要。我们都必须进行交流或妥协。内向者尤其必须做出调整，因为他们有限的能量需要他们减少活动。学会权衡能帮助你掌控自己的生活，并让你一直在平衡中保持精力旺盛。它能消除被动接受的倾向。"我不能"变成"我能做到这一点，但是那一点就无法办到了"。在人生的餐桌上，你可以自行选择——这道吃一点，那样品一点——而不至于感到缺乏食粮。

例如，如果周末有重要的社交活动，一周内我就不会安排额外的事情。接下来的一周，如果日历上有两次午餐约会，我就不会再参加其他社交活动了。我认为，社交活动就像卡路里一样。如果下个周末要去吃一顿丰盛的晚餐，我会在这一周少吃点，留一些空间给大场合。如果周六有孙子的生日聚会，姐妹们又邀我在周日一起吃午饭，我会考虑一个折中的方案。我可能会安排和朋友们吃些甜点，或者干脆放弃去看她们。或者，我可能会决定晚一点去生日聚会，只是旁观出席，而不会深入其中。或者我可以主动提出给她们拍照。利弊权衡，可以让你成为自己的驾驶员，想快就快，想慢就慢。

"一只鸟接着一只鸟地写"

当你停止理性的思维，给直觉留出空间的时候，直觉
就应运而生。

——安妮·拉莫特

在一本有趣的循序渐进的写作指导书《关于写作——一只鸟接着一只鸟地写》(*Bird by Bird*) 中，作者安妮·拉莫特（Anne Lamott）回忆起童年时，她的哥哥在写一篇关于鸟类的报告时的情景。他本来有三个月的时间，已经拖了很久，第二天就要交报告了。"哥哥站在厨房的餐桌旁都快哭了，四周都是活页纸、铅笔和未开封的鸟类图书。差的工作量太多，他几乎都要崩溃了。然后父亲在他身边坐下，搂着他的肩膀说：'一只鸟接一只鸟，伙计，就一只鸟接一只鸟地写吧！'"

我还记得，1994 年读到这段话时它给我带来了怎样的力量。我心想，如果每天写一页，到年底的时候，我就可以有一本书了。一页接着一页。一只鸟接着一只鸟。看起来很可行。

几乎任何事情都可以通过把它分解成一个个小块，一步步地完成。萨克是一名奇思天外的创意写作指导书作者。在《创意写作指南：如何解放你的创新精神》(*A Creative Companion：How to Free Your Creative Spirit*) 一书中，她解释："微运动是以某种方式让我们前进的微小的、微小的步骤。"（她也一定是个内向的人，因为她主张多打盹）小步骤最重要的一点是，它能立即减少我们的压力，让我们继续前行。当内向者面临一项令人生畏的任务时，他们会立刻想象它会消耗自

己多少能量。按部就班的方法可以马上缓解对于精力不足的恐惧。微运动给我们提供了所需的鼓励，这样我们就不至于突然当机，或者出现第一章谈过的那种呆滞表情。更有意思的是，只要从小处做起，自然就会**想要**做更多的事情。

我有一名内向型来访者德露，她一直想搞清楚，为什么自己喜欢上的总是得不到的男人。思考了几年之后，她准备好重新开始约会。但是，她一想到要见陌生人，就感到恐惧和不知所措。我们讨论了"一只鸟接着一只鸟地写"的策略。于是，在德露做出决定后的第一周，她拿起了《洛杉矶周报》，上面有洛杉矶"时讯"，里面有单身活动。她圈出了一些自己感兴趣的活动。接下来的一周，她去了一家书店，看了一下约会指南区。《约会指南教程》(*Dating for Dummies*) 引起了她的注意，她买下了这本书。第三周，德露报名参加了塞拉俱乐部为单身人士准备的远足。如果她愿意的话，可以和一些人聊聊天——也可以只是走一走，动一动，第四周再找同行者说话。找工作、找房子、修理、举行聚会、装修——几乎任何活动都可以分成几个**切实可行**的小步骤来进行，每个步骤都很容易做到。

比方，你要研究房子转贷的问题。大多数人估计都不会想做这件事。我要告诉你怎样将它分解成容易处理的几个部分。有了基本想法，你就可以根据个人情况进行调整了。你要迈出的第一小步是什么？

步骤一定要细小，详见如下所述：

★　在文件夹上写下项目的名称："房屋转贷"。

★　想想你可以搜集信息的地方：图书馆、网上、贷款中介。

★ 打电话给最近转贷过的朋友，听取对方的建议。

★ 想要完成任务，就要设定一个宽松但又现实的最后期限。

关键是要一点点前进，提醒自己你能做到。例如，决定每天为这件事打一个电话，坚持 5 天。对内向者来说，日拱一卒是最有效的工作方式。

还有一个例子。因为我生活和工作都在家里，所以房子需要随时保持整洁。办公室在楼上，所以每次上下楼，我都会顺便带些东西。我把项链放在楼上大厅的柜台上。回卧室睡觉的时候就拿过去，晚上到第二天早晨放在首饰盒里，这样房子就会保持整洁，我也不会为这件事感到崩溃。我**什么事**都分阶段做，知道自己的节拍。

现在要讲最好的部分了：宠爱自己。在你完成多个规定步骤后，先洗个泡泡浴，听听音乐，点上蜡烛，或者看一场足球赛。在完成几个步骤后，去看一场你最喜欢的老电影（加里·格兰特参演的电影都是我的最爱）。完成 20 个小步骤后，吃一块松软的小甜饼是最棒的。在你完成整个项目后，给自己买一本一直想要的书。正如我在本书中反复说的，找到自己的节奏很重要。使用微步骤策略，设定最适合你的节奏。

优先顺序

在想象里，你能牢牢抓住的任何东西都可能是你的。

——威廉·詹姆斯

当你学会欣赏自己的气质性格，并能调整自己的速度时，你就已经为下一步——设定做事的优先顺序——做好了准备。詹姆斯·法迪曼在《给你的生命以无限可能》（*Unlimit Your Life*）一书中说："让我们从头开始。设定目标就是为生活设定了一个方向。"对于内向的人来说，这是一个至关重要的任务，因为我们需要利用自己的能量，将能量用到对自己最有意义、最有价值的事物上去。确定优先顺序有助于实现自己的目标——从微不足道的日常决定，到人生的重大抉择，如选择职业、选择伴侣、要几个孩子。

它对你意味着什么？

大多数内向者关心事情的意义所在。想想你生活中的不同方面，想想对你来说重要的是什么。追寻意义能使你保持能量充沛，使你早上想从床上一跃而起。它可能是 X，也可能是 Y。我的一个来访者帕姆在电影行业工作，摄制期间就临时担任行政助理。她说："我必须找到一些目标。我不能每天去新单位就是打字。我开始想象怎样能让工作环境更好。我把想法告诉了老板，他让我调整部门。现在我感觉好多了，因为在我离开之后，一切都会变得更有效率。"对帕姆来说，意义就是让组织运转得更好。于是，她给我描述的"灰色"经历就变成了一道"彩虹"。

对我来说，意义就是帮助人们继续成长，这似乎就是生活的目的。我从事过的所有的职业——幼师、图书管理员、培训师、心理治疗师和作家——都体现了这一目的：帮助人们成长。

想知道什么对你有意义，最快的方法之一就是思考自己的死亡。大致列一列自己的讣告要点。想象一下你的生活，像报社记者一样。你有什么突出的地方？你最自豪的是什么？你最关心的是什么？你生命中最有意义的时刻是什么时候？

现在，列出一些你还没有学习、经历或者完成的事情。写下在生命结束之前你想要完成的事情。什么事都可以，不要限制自己。记下闪现在你头脑中的任何想法。你可能过一个月、过一年就改变主意了。这张单子不会刻在你的墓碑上。记住这是**你**列出来的——是你自己想要的，而不是别人期望你做的事情。

这里有一些我的访客想到的例子：终于能够过得自在。我感觉好像走着自己的路，学会了更好地了解自己；我会绘画，每隔几天写一篇日记，买一套做首饰的工具，学习弹钢琴；我会报航海班，到英国旅行，乘一艘小艇沿密西西比河旅行；我会抛开焦虑和恐惧，对自己多鼓励少批评；我会更轻松地对待金钱，为一个慈善机构工作；我会展开新恋情，吃好点儿，更好地照顾自己的身体。

　　把目标写下来似乎是一项令人生畏的工作。恐惧可能会突然冒出来：你会想到，要是目标没实现怎么办？目标是错误的怎么办？我连目标都想不出来怎么办？你可能会学鸵鸟，把事情都掩盖起来，盲目地希望你能得到想要的一切。但当你这样做的时候，通常意味着一件事：你没有在过自己想要的生活。像鸵鸟那样把头埋在沙子里，就好比跟着自己的车狂奔，方向盘却在别人手里。

　　通过以下步骤，确定你真正想要的是什么。

　　1. 想要了解你自己的生活，第一步就是写下你在以下几方面的目标（有时同时做几件事也是可以的）。

- ★　你的健康
- ★　你恢复精力所需的时间
- ★　你的家庭生活
- ★　你的个人成长
- ★　你的婚姻，或生活伴侣
- ★　你的职业生涯
- ★　你的友谊
- ★　你的创造力
- ★　你的社交生活
- ★　你的精神自我
- ★　你的爱好和娱乐
- ★　你的＿＿＿＿＿
- ★　你的＿＿＿＿＿

2. 从目标中确定整体的优先目标。

3. 写下达成优先目标所需的步骤。

4. 列出本周可以实行的 4 个步骤。记住步骤要小，一个步骤接一个步骤。

5. 问问自己是什么阻碍了你实现目标。

6. 你如何克服这些障碍？

7. 重新评估优先顺序。你是否仍然想要清单上的所有东西，需要稍微调整一下吗？

8. 取得任何进步都要奖励自己。

内向者的优点之一就是非常了解自己。通过思考什么事情有意义，什么因素会起阻碍作用，我们可以把精力集中在自己真正想要的东西上。

下面举一个我遵循以上 8 个步骤的具体的例子。

1. 我的健康目标是什么？

保持身体健康，尽可能能量充沛；保持充足睡眠，营养膳食，坚持拉伸和锻炼。

2. 我的总体优先目标是什么？

通过健康饮食、有规律地锻炼，增加睡眠时间，关注自身健康。

3. 我应该采取哪些步骤达到优先目标？

★ 每周徒步 4 次。

★ 控制自己，不吃最喜欢的甜甜圈。

★ 每晚至少睡 7 个小时。

★　下个月空出时间做瑜伽。

4. 本周迈出四小步：

★　步行一次。

★　吃两顿健康晚餐，即使难以下咽。

★　选一天晚上 10 点关电视。

★　看三个瑜伽录像带，并选择一个喜欢的。

5. 可能的障碍：

★　没有时间锻炼。

★　讨厌去杂货店购物，所以没有健康的食物吃。

★　喜欢看深夜电视放松。

★　不想在时间表上标明瑜伽时间。

6. 下周可能的解决方案：

★　用趣味贴纸在日历上写下运动次数（提醒自己注意）。

★　和迈克尔制订购物日期。在去商店的路上唱老歌。买杂志作为
奖励。

★　晚上 11 点关掉电视。打开音乐，点上蜡烛。

★　拿出瑜伽录像带做一次瑜伽，关注自己的感受。

7. 重新评估优先顺序：

★　边听有声书边步行（这样容易些）。

★　讨厌购物，最好和迈克尔一起去。喜欢家里有食物的感觉。

★　睡多了感觉更放松。

★　享受瑜伽，但我不确定是否要将其设为当下的优先任务。再做
一次，检查一下自己的感受。

8. 奖励一下自己：

★ 按照瑜伽教学录像带做两次之后，买下我一直想要的那本书。

★ 夸奖自己又向目标前进了几步。

★ 在一个星期之内第四次绕湖快走之后，给自己买低脂酸奶沙冰。

★ 采取小步骤三周后，做个按摩，犒赏一下自己。

好吧，你已经明白该怎么做了吧！选择生活中的一个部分并设定目标，列出优先目标、障碍和解决方案；一两个星期之后，重新评估你的优先顺序。你可能只想解决一个、两个或三个部分，或者添加一个我没有提到的方面，比如财务。你也许想做一回斯嘉丽·奥哈拉，明天再想这些麻烦事。无论你选择什么，要记住，这些方法是很强大的。

循序渐进

主啊，给我野草般的决心和坚韧吧！

——利昂·沃尔特斯夫人

记住，这是一个不断前行的过程，跌倒了也没有关系，重新上路就好。重新评估是非常重要的。不断思考对你来说什么是重要的，什么是有意义的。在你取得一些进展后，想想感觉如何。你如果没有在做清单上的事情，考虑一下自己是否真的想做这些事情。这是你觉得你应该做的事情，还是**别人**认为你应该做的事情？记住，长大成人最重要的事情之一，就是能够自己做出选择。这是你害怕的东西吗？如果是，那就向优先级迈出微小的一步，看看感受如何。即使感到害怕，你也想这样做吗？你想以后再尝试吗？除了恐惧，是否还有什么在阻止你？

我的另一位访客卡罗尔说，她在设定长期和短期目标时都采用了循序渐进的办法。"我很清楚自己需要在每个周末都保持能量储备和能量消耗的平衡，"她说道，"我真的需要明智地利用时间，所以我会在周五晚上设定目标和优先事项。我会思考自己的感受，周末要参加什么活动，还有跟家人制订什么计划。"卡罗尔继续说道："星期一回顾这个周末的时候，我会思考有哪些事情让我感觉很值得。这总能帮我全面客观地看事情。"

"然后，我就会确定周末的目标。我的活动总是要包含不同的类别。例如，我也许会从娱乐、健身、家庭和休息这几类中各选一项。然后，我会记下想做的事，以免自己过度劳累，想不起来周末要做什么。我的笔记可能是这样的：我与女儿贝丝可以互相涂指甲油；贝丝可以选一部片子和我一块儿看；全家人可以周六晚上一起准备晚餐，一起打扫卫生。我和丈夫会商讨重大分歧——总有一些活动可以推到下个周末。只要我能在这个周末有时间恢复能量，有时间跟贝丝在一起，我就感觉很好。"你要记住，制订目标和优先次序能够充分利用你的能量，让你在生活中获得最大的满足。

个人界限

> 人生的一个秘诀就是把绊脚石变成垫脚石。
>
> ——杰克·潘

既然你已经有了合适的步调，也知道想要达成什么目标，现在是时候确保适当的界限了。设置界限意味着在自己四周设下边界——如果不想在电话上讲，那你就说："对不起，我现在不方便，之后再回电。"如果已经约了太多人，那你就可以说："我下周有事，下下周可以吗？"

我们这些内向的人常常会因为时间和能量有限以致没法做更多的事情而内疚，所以对别人提出的任何要求都会让步，丝毫不做出限制。或者，我们不能准确地评估自己的能量供给，设定的界限要么太严，要么太松。我们需要规范外部世界，这样它就不会入侵和过度刺激我们，同时我们又可以适当地参与其中。许多人不理解我们对个人时间和空间的需求。拒绝朋友的邀约，拒绝老板马上把任务做完的要求，拒绝孩子的老师让你为班级郊游服务的请求，这些都不是简单的事。通常的解决办法是提出其他建议，告诉那个人你**不能**做什么，你又能做什么。对你的朋友说："我今天不能和你一起吃午饭，但下周一起喝咖啡怎么样？"对你的老板说："我今天下午可以写完报告的一部分，你花两天时间看。后天第二部分正好写完交上来。"如果可以的话，你可以提出找人（比如祖父母、朋友或者亲戚）替你去孩子的学校——这或许会有所帮助——你可以告诉老师："明天的天文馆参观我去不了，但是乔纳的祖父很愿意去。"

保护你自己

你需要在周围建立个人边界，树立"禁止前进"标志：

- 保护自己。

- 减少刺激。

- 给自己保留空间，以便保存能量、履行责任和完成目标。

- 产生走进外向者主导的世界的能量。

过分模糊的界限

活着本身就是有风险的。

——哈罗德·麦克米伦

人类天生就是亲子心性相连，不论家庭环境是怎样的，他们往往都能够适应。内向者如果成长在其他成员都很外向的家庭，或者在父母本身是内向者但他们觉得自己不应当内向的家庭中，内向的孩子就会觉得很有压力，感觉自己需要变得"外向"。内向的孩子可能会受到批评或受到羞辱，或者因为需要或喜欢独处而感到内疚。一位叫卡拉的老师跟我说："我妈妈会走进我的房间，拿起我手里的书，让我出来和家人在一起。我从来没有一个人休息的时候。我不知道为什么自己这么累，大多时间都被压得喘不过气来。我需要独处的时间，但我的家人却认为我是在逃避或退缩。"卡拉和许多内向者一样受到父母的影响，认为自己**不应该**想要独处，而**应当**想要和别人在一起。她不理解或没有把精力不足与缺乏私人时间联系起来。

感觉自己不被接受的孩子会以两种方式表现出这一点。他们或者决定忽略自己的感受，允许别人过多地影响他们，不断地塑造和重塑自己，以满足他人的需求，就像电视选秀节目《深空九号》中的变形角色一样。他们或者会选择假装家庭对自己完全没有影响。由于成年人在幼年时就学会了这些应对机制，他们并没有意识到这只是无意识的反应。

我在第三章中讨论过右脑占优势的内向者，他们需要大量不受外界影响的筛选和整理时间，因为他们吸收了太多的无意识信息。没有私人时间的话，他们最终会感到困惑和分裂。左脑占优势的内向者也需要补充能量的时间，但如果没有的话，他们也不会犯迷糊。然而，他们可能变得孤僻。

如果你不能拥有自己安静的角落，无论是身体上还是情感上，那么，当你受到过度刺激的时候，你可能会有以下感觉：

★ 感到混乱，或注意力无法集中。

★ 整个人好像当机了，缺乏动力。

★ 感到不知所措、头脑不清，或大脑完全停止运转。

★ 觉得成了受害者。

★ 感觉没有存在感，但表面上却满不在乎。

★ 内心常有严厉的声音责备自己。

★ 有种失控感——情绪像过山车一样大起大落。

★ 心中有疙瘩，感觉紧张。

这些危险信号出现时，你要停下来，认真思考，问问自己是否需要设置一些限制。你是否感到困惑和不确定？对头脑模糊不清的人来说，潜在的恐惧是，如果不按照别人希望的那样去做他们就会被抛弃。他们往往觉得自己应该为别人做得**更多**，而事实上他们这时应当做的是放手，**少做**一点。有时他们认为别人对他们的要求如此之多，他们感觉自己是受害者。

看一眼你自己的行为。你是不是忘了自己的需求？你想做的事情是不是超出了自身能力？你有没有不假思索地就为别人做了一些事情，却没有考察自己能不能做，想不想做？开始好好思索你需要设置什么样的界限吧！在这一章中，我将讨论一些建立个人界限的技巧。设定边界是夺回生活主导权的有效方法。

过分严格的界限

有些内向者是在这样的家庭环境中长大的：充斥着酗酒、对他人情感的漠视或者有虐待倾向的行为。他们觉得自己要么被父母完全践踏，要么被父母完全无视。孩子们像在自己周围造护城河一样把自己隔离起来。一位 40 多岁还未成家的来访者告诉我："当我做了母亲不喜欢的事情时，她好几天都不跟我说话。早晨，我会跑到后院，爬上我最喜欢的胡桃树。我会一直待在那里直到天黑。"随着长大成人，他们学会了通过建立坚定的边界来保护自己——通常是避免或者拒绝与他人接触，这限制了他们与周围世界互动的能力。

左脑占优势的内向者（第三章中介绍过）通常也会形成严格的界限。他们更看重思维，而非感情和人际关系。他们就像《星际迷航》里的斯波克，过度压抑自己的感情，总是依赖于逻辑思维。这样的人用一种超然的方式来管理自己的生活，不会因任何人改变自己。但这让他们失去了一些重要的东西：人际关系的黏合剂——情感。严格的界限还有其他一些后果：

- ★ 感觉恋爱关系太困难，或者干涉个人隐私。
- ★ 感到无助和绝望。
- ★ 感觉受到约束，看不到希望。
- ★ 感情上无法成长。
- ★ 有控制欲，被认为是"肛门期人格"。
- ★ 表现自私和挑剔。
- ★ 把人们从自己身边推开。

在生活中，如果倾向过于严格的界限，你就可能会感到孤独，或生别人的气。你可能认为是**他们**造成了这个问题。你可能很难将自己感受到的孤独与设定的界限联系起来。你意识不到自己与别人隔离开了。

　　想想你是如何与朋友、家人和同事交往的。问一个你信任的人，对方是否觉得你总是冷漠和挑剔。想一想，在童年时期，你是否需要回避交往以获得安全感。如果你认为上面列出的特质符合你，不要绝望。有一些方法可以减少你对别人干涉隐私或将你无视的恐惧。你可以制订一些策略而不是通过退缩来保护自己。随着学会与人们更多地交往，你会发现生活更丰富，更少孤立状态。你会觉得自己更加强大，更有干劲，更清楚想在哪里和怎样消耗自己的能量。这是值得做的事情。

创建个人界限的技巧

　　设定界限并不难，只是需要练习。最具挑战性的部分是让感知更敏锐，以便设置适当的边界——不要太严，也不要太松。下面是一些帮助你创建新界限的技巧。

技巧 1：学会用"也许"

　　面对这个世界，我们的界限既不能模糊（太灵活），也不能僵硬（太严格），而是要建立最有效的保护层，它可以随着具体需要而改变渗透性。我们身上的皮肤就是如此——毛孔把一些东西挡在外面，而让其他东西进来。

　　形成更灵活界限的一种方法就是扩展假定。苏姗·佩特伦是一名儿童图书管理员，她写了很多书，其中一本是可爱的儿童读物《也许是，也许不是，也许也许》（*Maybe Yes, Maybe No, Maybe Maybe*）。作为性格内向的人，她理解生活中的"也许也许"。在她的演讲中我听她说过自己需要脱离日常生活，去她和丈夫的沙漠小屋，思考她想做的事。苏珊的书里有一个人物，名叫大姐。她常说"也许"，拓展着可能性的边界。"也许"的意思是，世界并不是非黑即白，而是由无数灰阶构成的。

内向的人往往认为自己应该像外向的人那样做出决定：不是思考自己的感受如何，而是根据自己的想法和冲动下判断。但是，许多的"也许"拓宽了世界，并让许多前景、观点和决定的选择有了更多的可能。说"也许"的另一个好处是，它可以让内向的人有时间像轧面机一样"轧出"自己对某事的反应。内向的人很难马上做出决定。我们通常要么不能如此（因为不知所措），要么不应该如此（由于大脑回路太长，我们需要好好思考问题）。对于性格外向的人来说似乎是显而易见的事情——比如赶快吃点饭——对于一个头昏脑涨、疲惫不堪的内向者来说却是一个重大决定。内向者需要有"也许"的空间。

记得十几岁的时候，一个朋友和我在电话里谈论日程安排，她说："让我想想，我会给你回电话的。"我感到很惊讶。哇，回头想想再做决定真不错。这让我很吃惊，因为我经常对自己想做的事情没有一个清晰的概念。当有人在我身边的时候，我就会感觉注意力分散、很有压力、很难思考问题。有时我会在同一天参加几个社交活动。我的历史最高纪录是在同一个晚上安排三次晚餐。

远离人群的时候，我感觉到的刺激较少，制订计划较为容易。我会让自己有时间思考适合我的事情。

"是"是很强有力的回答。如果你确实想做事，那就说"是"。"不"同样是有力的回答。如果你确实不想做，那就说"不"。如果你要先想想，那就说"也许"吧！

技巧 2："回答模糊，再试一次"（魔球 8 号的回答）

还记得初中时那些柚子大小的黑色魔球 8 号吗？我办公室里有一个。你问它一个问题。然后你把它翻过来，一个小三角的答案就会漂到球底部的观察圈里。如果这是一个外向的球，答案就是"是""不是""毫无疑问"。有时候，它会以一种更加内向的方式回应："现在说不好。集中精力，再问一次"或者"现在还不能告诉你"。

有一天，我突然想到，复习单词的过程就像魔球 8 号的回答一样。我觉得好像在等着那个三角形的答案浮上来。我越是担心自己想不起来，我想的时间就越长。从那以后，我明白了耐心是多么重要。我几乎能感觉到单词在自己蹦出来之前就已经漂进我的意识。我的大脑需要时间去捕捉单词，并将它们与大脑正在消化的信息联系起来。现在，我可以放松了。练习暂停和等待，单词就会出现。你要学会信任你的大脑。然后你就可以设置自己的界限了。

技巧 3：吃点夜宵

大多数内向的人在提出一个想法或做出决定之前，会在许多不同层次上获取大量的信息，并进行消化。通常，他们喜欢等到第二天早上再专心做事。现在我们已经了解他们这样做的原因。内向者的主要神经递质是乙酰胆碱，它也能帮助内向者在快速眼动睡眠（做梦）期间储存长期记忆。因为内向的人比外向的人更经常地使用长期记忆，所以为了从自己独特的信息处理方式中获益，他们需要更多的思考时间。

给自己时间和空间

- 允许自己考虑一下可以选择的事情——几乎总是有两个以上的选择。

- 这样告诉人们："听起来不错，让我考虑一下""我还不知道"，或者"我的担心是……"

- 安心接受自己会有不同感受的事实——这是心理健康的标志。

- 让自己第二天再决定，内向者大脑在夜间消化东西。

- 让答案从魔球 8 号中自然浮现。

- 不要被性格外向的人逼着快速回答。

- 信任你的大脑。

在电影导演迈克·尼科尔斯接受的一次采访中，他谈到了这个无意识的过程。他说自己已经学会了迟一点做决定，他说这是"一种有益的偷懒"。

我们经常被性格外向的人催着迅速做出回答。不要掉进陷阱。练习晚些回应想法、任务或任何需要复杂思考的事情。如果必须做出决定，我会提醒自己：一早醒来，赞成和反对的理由会更加清晰地浮现在脑海里。有时候，我想象自己从响亮的嘎吱作响声中惊醒是因为，我大脑在处理一个特别具有挑战性的问题。

技巧 4：尝试说"是"

正如我之前谈到的，过分严格的界限往往是少年时建立起来的，原因是无法接受真实的自我，也就是内向者自身。你认为，做出决定之前需要花一分钟时间冷静一下是不能接受的。第一反应说"不"的人可能在幼年时就觉得自己受到了冒犯，或者很容易受到打击。结果为了保护自己，他们养成了不假思索地说"不"的习惯。他们在沙地上划了一条很深的线，并决心永远不去跨过它。但总是说"不"会在你和别人之间造成隔阂。练习说"是"吧！但也不要放弃说"不"，只是不时也说一些"是"。作为成年人的一个好处就是，我们内向者有更多的机会说"是"。我们可以让更多的人走近而不让自己受到伤害、羞辱或责备。如果有人伤害我们，我们可以大声说出来。如果有人在羞辱我们，我们可以说："似乎你很难理解我需要花几分钟来做决定。"我们可以用直接的回答来对付有攻击性的人："嘿，我生气了。"说"不"并不是保全自己的唯一方法。说"是"可以打开心门，邀请许多美好的东西进入你的生活。

不让自己立即说"不"，稳妥的第一步是观察自己一个星期，留意你是不是对大多数事情的第一反应都是说"不"。如果是，停下来，深呼吸，想想自己的感受。你可能会焦虑、害怕或紧张。你心中的 CD 机可能在播放《不要困住我》这首曲子。

你不必一害怕就不由自主地说"不"。提醒自己，你可以花点时间来考虑做出怎样的选择。给自己一些喘息的空间，告诉自己说"让我想想"并没有什么（因为你花了一些时间来考虑答案而觉得不高兴的人就是你应该说"不"的人）。想象一下说"是"的后果，真的会那么可怕吗？试着多说几次，看看会发生什么。记住，你可以经常根据需要来调整："我不能一下班就去见你，但我可以晚一点顺便过去。"别忘了，你总是可以改变主意，对他们说"不"的。

说"不"

• 要客气而坚定地说"不"，不需要道歉或冗长的解释。

• 把你自己的计划放在首位："我很乐意，但我必须完成这篇文章。"

• 向对方致谢："我很感谢你的邀请。你为医院做了很多好事，但不幸的是，现在我不能去。谢谢你想到我。"

• 如果你必须说"是"，不妨加一点限定："我可以帮你卖面包，但我不能送外卖。"

• 意识到你不需要接受所有好的提议，其他机会永远是有的。

• 在小事上，偶尔可以不假思索地说"是"或者说"否"。

技巧 5：尝试说"不"

前面讲过，虽然有些人很快会说"不"，但也有人完全不会说"不"。在成长的过程中，我们学会把说"不"与"冲突"联系起来。冲突使我们焦虑，因为它增加了过度刺激的感觉。所以我们避免说"不"。但是，既然我们需要保持能量，学会说"不"是很重要的。我们需要把有限的能量花在最需要或最想做的事情上。如果不设立界限，人们可能意识不到他们需要把我们考虑在内。他们会直接无视我们。

你如果对大多数事情的第一个答案是肯定的，并且注意到自己一周都是这样的，那就开始制订更严格的界限吧！停下来，深呼吸。问问自己，你**真正**想做的是什么。注意你是否感到害怕了。是你的恐惧控制了你，促使你不由自主地说"是"吗？你可能会感到不确定，有压力，以至于不得不马上回答。在你回答之前先考虑一下。提醒自己，给自己一点时间，这总没错。你可以这样说："我还不确定。"想想你到底被提了什么样的问题。想想你说"不"之后对你的影响。多说几次"不"，看看会发生什么。正常的人不会因此而抛弃你。如果他们抛弃你了，对这样的人你就更要说"不"。

留意自己的模式一个星期左右，接下来就没有什么特别的技巧了。练习一下第 282 页方框中的策略。在你需要做出答复的时候，这些策略随时供你使用。

结语：为什么你需要特殊对待？

人类的首要责任是与自己妥协。

——亨利·温克勒

在《更好的边界》（*Better Boundaries*）一书中，作者简·布莱克和格雷格·恩斯说道："通往合适边界的道路是一个自然的过程，始于珍惜自己，然后采取行动，获取并把握人生的主动。"设定界限意味着决定哪些人、哪些事可以进入你的生活，哪些人、哪些事又要远远隔开。这是一个有意识的筛选和分类过程。内向的人需要个人隐私，围上篱笆。

你越能欣赏自己的内向型性格，并且享受它，你就越能热切地自我接受、理解和成长。你如果觉得自己是一个有能力、值得别人爱的内向者，那就能够设置自己的界限。

你是独一无二的个体。你的基因组合不曾出现在任何一个人身上，之后也不会再有。这是个不错的想法！你是"独一无二的"。善待自己！

记住三个概念：

■ **个人步调**

- 接受你能力有限这一事实。

- 注意你的能量节奏。

- 把大事分解成容易完成的小步骤。

■ **优先顺序**

- 认识到你是有选择的。

- 选择对你有意义的事情去做。

- 不断评估做出的选择是否适合自己。

■ **个人界限**

- 保护内向的天性。

- 通过"是""不"和"也许"来设置界限。

- 决策前花时间思考。

第九章 | 培育你的天性

孤独将成为你的支柱和避难所，即使是在最不熟悉的环境里，你也会从中找到自己的道路。

——莱内·马利亚·里尔克

忙碌地到处参加活动，与许多人交往，这在当今社会中都是许多人看重和追求的。但对于内向的人来说，这并不适用。试图跟上潮流的时候，我们就会发现自己过度消耗了能量，很快就精疲力竭了。如果没有办法补充能量，我们可能会忽略自己的特殊性和所需的滋养。然而，为了正常生活，创造恢复能量所需的休息时间、独处空间和营造环境氛围是至关重要的。不然，生活就是一段漫长而疲惫的历程。

想象一下，你要发动一辆没油的车，唯一让车前进的办法就是下车推。内向者往往试图推着自己应对生活。这就是为什么他们经常抱怨感到疲劳。在试图像外向的人那样更有活力的过程中，他们有时会愤怒（刺激肾上腺素）、焦虑（会导致心率、血压、血糖和压力荷尔蒙浓度提高），并使用咖啡因（激活"阀门全开系统"）或者药物（通常是可卡因等兴奋剂）。如果内向者没有意识到这是对自己的透支，他们就可能会生病。甚至直到身体垮了，他们才意识到自己持续的焦虑和肾上腺素的流失。

培育你的自然禀赋

与内心相比，过往的经历和面前的事情都微不足道。

——拉尔夫·瓦尔多·爱默生

培育自己，意味着需要给你个性化的照顾。在《植物的欲望》(*The Botany of Desir*) 一书中，迈克尔·波伦 (Michael Pollan) 说："郁金香是花中的内向者。"郁金香是"移植成功品种"，也就是说它们每年开的花都比上一年好。但是，它们只能在每年冬眠期恢复生机，来年才能再开花。它们还需要阳光、水和肥料，种植深度合适，而且要正面朝上！在这一章中，我将讨论**你**的茁壮成长需要哪些特殊条件。

就像一株优雅的郁金香，你的本性有点自相矛盾。这没什么好羞愧的。如果条件合适，郁金香比其他许多花更强壮，花期更长。但如果条件不适宜，它们根本就不会开花。内向的人也是如此。

为什么你的本性需要特殊的条件？正如我在第三章中所讲的，内向者的生理机能与神经系统的休息–消化这一方面（即"阀门关闭系统"）有关联，所以我们身体的每一部分都在试图减少消耗。我们是为沉思和休眠而生的。我们大脑释放出的"感觉良好"的快乐感较少；我们肢体的移动需要更多有意识的思考；我们有低血糖、低血压、浅呼吸、睡眠困难、紧张性头痛的倾向，偶尔也会感到精疲力竭和困惑不安。

我们的体力相对来说较为不足，因此必须学会不时地给油箱加满油。另外，我们必须通过节约能源来给自己充电。这样做的主要方式之一是通过减轻外界刺激，留出空闲时间。然而，许多内向的人都感觉由于天性中私密的、克制的一面，自己会受到人们的指责，因此他们不允许自己花时间去好好恢复精力。是时候改变这一切了！

驾驭你的能量

能量是良好生活的燃料。最新研究为我们提供了关于如何使能量保持在最佳水平的宝贵证据。把握能量的第一步是理解它起伏变化的模式和原因。

我一直在谈"能量"，那么它究竟是什么意思？能量在我们身边无处不在。它通常是看不见的，但驱动着事情的发生。所有生物都在不断地消耗能量。没有能量，什么也不能存活、移动、运行或变化。能量有多种形式，包括动能、电能、热能、声能、光能和核能等。虽然我们不能把它握在手中，但当太阳温暖着我们，我们享受着阳光的时候，便会感受到太阳能。当一阵风吹过，或者瀑布倾泻而下时，我们可以感觉能量。在饥饿和疲惫之后，尽情享用一顿营养丰富的美餐时，我们也可以感受到能量和耐力的恢复。

热力学是物理学中研究能量的分支。热力学第一定律讲的是能量可以转化，但不能创造或消灭。第二定律讲的是当我们使用或转化能量（"自由能"）时，能量的无序程度（"熵"）就会上升，除非有序程度重新提高，否则我们不能再次利用能量。这是一个连续不断的循环。因此，能量不断地从一种自由能转变为熵，然后回返。外向者通过外界活动来将有序程度低的能量转化为可以利用的自由能。内向者则通过固定地待在一处将有序程度低的能量转化为可以利用的自由能（当你感到自己有"能量危机"列表里的任何一种症状时，这正是你的能量走向无序的信号——你可能自己也会感觉到，就像静电穿过头脑和身体一样）。

能量危机

你给自己足够的休息时间了吗？能量储备很低时，你可能会入睡困难或不想吃饭；经常感冒、头痛、背痛或过敏。你可能也会有这里列出的一些症状和信号。这些危险信号告诉你，你正处于能量危机之中。你如果有下面列出的任何感觉，花点时间自我恢复吧！

- 焦虑激动，暴躁易怒。

- 不能思考，精神难以集中，不能做决定。

- 感到困惑和混乱，糊里糊涂。

- 陷入困惑，不知道生活的意义是什么。

- 疲惫不适。

- 与自己的内心失去联系。

大自然为人类提供了多种将分散的能量集中起来的方式：锻炼身体、吃有营养的食物、关注五种感官、练习冥想和瑜伽、按摩、休假、

创造有助于恢复能量的环境。我们可以与家人和朋友保持联系，专注于人生目标，通过精神修炼获得内心的平静。大自然给我们提供了各种各样的方式来滋养自己。

重新点燃能量之源

能量有多种形式：精神能、警觉能、治疗能、镇静能、生命能、活力能、爱能、感官能和创造能等，以上仅是几例。虽然我们都使用多种类型的能量，但有两种主要的类型是内向者需要不断培育的：镇静能和警觉能。镇静能可以让忙碌的大脑平静下来，集中能量思考我们的想法和感觉。当我们感到疲惫或精神超负荷时，警觉能会帮助我们保持警惕。

通过休息来让自己平静下来

治疗急性子的最好方法是走远路。

——杰奎琳·希夫

基因研究表明，在精疲力竭时，内向的人恢复精力所花费的时间比外向者更长。原因何在？内向者神经末梢的受体对神经递质的再吸收比较缓慢。换句话说，内向的人需要更多的休息时间来恢复。

作为一个内向者，你可以通过多休息几次来避免精疲力竭——即使你觉得不需要。在日历上记下休息和小睡的记号。用鲜艳的颜色写上"休息"——每 2 个小时休息 15 分钟。然后坚持作息时间，坚持一两个星期，看看你的感受。

我采访了一位性格内向的动画总监泰德。他说："以前，我直到干不动的时候**才**去休息。我似乎从来没有完全恢复过精力。现在，我在时间表上标记了小憩时间，然后发现，自己再也没有陷入过去那种过度劳累的状态中。"

如果你知道如何休息，那么休息就是创造平静能或警觉能的最好工具。看一下方框中关于休息 15 分钟的建议。

休息 15 分钟

休息 15 分钟的几条建议：

• 闭上眼睛，放松身体：想想海滩、湖泊，或者是风吹过高高的松树。

• 走一小段路。

• 做一下拉伸和打打哈欠，打一个盹儿。

• 喝一杯茶或柠檬水。

• 凝视某个地方，什么都不想。

• 收紧肌肉，然后放松：感觉两种状态的不同。

• 把脚抬起来，额头上放一块凉毛巾或热毛巾。

• 想想那些让你微笑的回忆（对我来说，孙子孙女就足够了）。

• 浏览一个有趣的网站。

• 玩电脑游戏，做填字游戏，翻阅杂志，看漫画书，阅读旅行手册。

- 在日记中写几行字。

- 玩孩子的玩具。

休息 30 分钟的几条建议：

- 小睡一会儿。

- 散散步。

- 阅读杂志文章。

- 从商品目录中选购一些物品。

- 选择走风景优美的路去上班。

- 为孩子或伴侣准备一个惊喜。

- 在网上联系一位老友。

- 打破常规，打破次序（我有时候喜欢先吃甜点，再吃正餐，就像《欢乐满人间》(Mary Poppins) 里的玛丽·波平斯那样）。

休息 2 个小时的建议：

- 去书店逛逛你从没接触过的书架。

- 带上午餐和一本好书到风景优美的地方去。

- 参观博物馆或历史建筑。

- 坐在公园、花园或美丽的庭院做做白日梦。

- 徒步旅行，看日落。

- 与伴侣互相按摩脚、背或脖子。

- 用面膜、凉护眼垫和舒缓的音乐放松一下。

- 烘焙饼干，带去办公室或者给孩子带到教室。

- 玩一个拼图。

- 计划下一个假期。

- 看看老照片或家庭电影。

- 在你家的窗户可以看到的地方种植花草。

- 打几场高尔夫球。

- 放风筝。

迷你假期

内向的人节奏较慢，往往觉得自己似乎做得不够，所以他们不允许自己休息太长的时间。我向访客建议周末抽出一天时间穿上睡衣，什么也不做，只是看看书，看无趣的电视节目，懒洋洋地躺着。这时，他们通常会怀疑地看着我说："**整天**躺在床上也行？"如果他们愿意尝试一下，而且不是心怀内疚的话，常常会感到惊讶：感觉竟然这么好！做一些完全不同的事情也会让你能量充沛。以下就是几个很好的例子：

★ 租三部老电影看，中间休息时散散步。

★ 参加一整天的音乐节。

★ 白天做 SPA，享受整套服务。

★ 乘火车到另一个城市，吃个午饭，然后坐火车返回。

★ 和一两个朋友共度一整天，回忆过去。

★ 在本市的酒店过一夜。

★ 到一个野花盛开的地方远足，野餐拍照。

★ 来一次长时间兜风，跟着你最喜欢的 CD 唱歌。

呼吸的重要性

你整天都在吸气和呼气，但我敢打赌，你甚至会连续几天、几周，甚至几个月不在意自己的呼吸状况。氧气是生命的基本物质。它向肌肉输送至关重要的补给，保持头脑清醒，维持幸福感，提高能量水平。你身体的每个细胞都需要它。当你呼吸时，氧气进入身体，二氧化碳排出。如果没有足够的深呼吸，氧气水平就会下降，二氧化碳就会累积，血液中的酸性物质也会增加，导致大脑模糊，头晕目眩，增加焦虑感。

置身光明面

信不信由你，科学家们发现，早上起床的方式会影响一整天的感觉。理想的情况是夜晚睡得很沉，清晨转入浅度睡眠。如果我们被响亮的闹铃惊醒，灌点咖啡因下肚，在家里匆匆收拾之后就慌张地冲出家门，身体就会紧张一整天。如果早晨放松地醒来，身体就会得到更多的能量，紧张也更少。拿出几个早晨试试下面的步骤，感受一下。

• 将闹钟时间设得提前一些，让早晨有充裕的时间。

• 用柔和的收音机音乐唤醒自己。

- 坐起来，慢慢地从床上下来。

- 从视野最好的窗户向外眺望，在光线下做深呼吸。

- 做 5 分钟简单的伸展运动。

注意你平常是怎么呼吸的，不要苛求自己。呼吸是深是浅？（内向的人通常呼吸较浅，因为"阀门关闭系统"减慢了呼吸的效率）吸入的空气和呼出的一样多吗？还是吸入的比呼出的多？当你呼吸时，胸部会鼓起吗？你会憋气吗？你经常叹气吗？

健康的深呼吸要气发腹部（在肚脐的正下方），而非起自肺部。加强注意力，尝试下面的练习，看看你是否感觉更有活力。找一个舒适的地方，躺在垫子或地毯上。在头下放一条叠好的毛巾，膝盖下面放一个枕头。一只手放在腹部，另一只手放在胸骨上。现在，做一个深呼吸。哪只手起伏最大？目标是让按于腹部的手起伏更大。

通过练习，你可以学会从腹部深呼吸，以后腹式呼吸就会变成无意识的动作。当你继续吸气时，鼓起你的胃。呼气时收缩胃部。把肚子想象成一个气球，吸气和呼气的时候放大缩小。有节奏地用鼻子吸气和呼气。

一开始可能会觉得有点奇怪，但通过练习，你慢慢就会掌握腹式呼吸。从用肺部呼吸到用腹部呼吸，仅仅这个转变就会让你更有活力，更加平和。你的身体会感谢你的。

在一天的任何时间，你都可以通过这种深呼吸来快速提高警觉性。闭上眼睛。用鼻子深吸一口气，然后屏住呼吸，数到四。用嘴呼出，数到六。重复几次。注意身体的感觉。

创造空间

所谓神圣空间，就是你一次又一次发现自己的地方。

——约瑟夫·坎贝尔

我经常读到这样的文章，说内向者不了解周围的环境。我认为情况恰恰相反。大多数内向者都清楚周围的环境，所以只会在某些事情上集中注意力，减少刺激感，这是自然而然的过程。为了弄清楚一整天收集到的信息，内向的人需要平和安静。否则，他们就不能思考。想象一下，当你站在新泽西收费高速公路的隔离带上，想决定去哪里度假。汽车呼啸声、令人窒息的环境会使人无法集中注意力。如果刺激过度，你就无法处理信息。这是我的一个来访者描述的，她称之为"飞歌牌录音机杂音"。一切都是白噪声，没有明确的信号。

你越是内向，就越需要安静的环境来处理刺激和给自己充电。为什么处理刺激的时间如此重要？因为如果没有处理的时间，你就会信息过载。新旧信号堆叠在一起。然后，阈值突然间被突破。你停摆了，崩溃了，短路了，麻木了。

许多人误解了这一现象。让我解释一下。我和很多内向的人合作过，他们都认为自己不是很聪明。具有讽刺意味的是，大约 60% 的天才是内向者。真正的问题是，他们一生都处于超负荷状态。他们认为大脑里"空无一物"，实际上却是"塞得太满"。然而，如果他们没有意识到需要给自己时间去筛选、分类和周密思考，他们甚至不知道该怎么想问题。更糟的情况下，他们甚至会认为自己的脑袋里空空如也。

为什么会这样？想象一下，内向者的大脑就像一台大型银行电脑，从早到晚都有大笔存款取款经手，要处理成千上万条各类交易，可谓千头万绪。到了晚上，银行职员处理这些事务，他们称之为"批次处理"。之所以说今天的存款要到明天才能出现在账户余额上，原因就在这里。第二天早上，好啦！存款顺利进入账户（希望如此）。

如果银行的电脑在夜间不运行会发生什么情况？严重积压。账目可能会出错，账户余额可能多了，也可能少了。而你完全不清楚是怎么一回事。人也是一样。如果你没有时间处理你所接受的刺激，你就会停摆、挤压。你可能变得头脑模糊或"一片空白"。

内向者需要不受干扰的时间和空间来分类整理想法和感觉，思考利弊。只有反思的时间才能让他们弄清楚对事物的真实感受，并让他们能够在无意识中取回这些信息，"想法开始在脑海里逐个浮现"。客户在学会给自己更多的休息时间之后会这样告诉我。

在花时间处理信息之后，一些内向的人喜欢向另一个善于倾听的人谈论自己的想法和感受。他们可能不需要任何反馈。如果他们确实想要得到回应，总结他们说过的话往往就够了。这样他们就能理解和阐明自己的思维过程。他们开始相信，自己能想出有用的点子和解决问题的创造性方法。信任自己的思维过程是很重要的。

开拓属于自己的角落

当内向的人在周围人身上花太多时间的时候，他们就会因为人们在空间距离上的迫近而感到精疲力竭。在人群中，他们即使不跟任何人交谈也感觉很累。开拓属于自己的空间给了他们整理身心所需的广阔环境。大多数内向者都需要自己的私人空间，因为他们倾向拥有自己的领地。他们需要一个真正属于自己的地方。这能让他们有一种能够控制自己的能量的感觉。

这是自我恢复的空间，会使你感到安全和舒适，远离人群的指指点点、干扰和噪声。如果这个空间没有保障，也不舒适，那就只会消耗能量，而不是赋予能量。

想象一下：什么样的空间会令你感到舒适，有一种受到滋养的感觉？你需要什么样的环境来沉思、仔细考虑自己的问题、放飞想象、品味回忆？我的来访者爱玛喜欢在家里闲晃，从波士顿蕨上剪下枯叶，整理小摆件，细细欣赏打磨光滑的硬木地板上拼色地毯的柔和色调。放松的时候就是减少外部刺激，补充能量。

另一位来访者则喜欢陷在一堆蓬松的羽毛枕头上，沉浸在悬疑小说中来补充能量。我的来访者大卫家务忙碌，有 4 个孩子和一个特别外向的妻子。他说："下班后，只要我能在车库里躲上一小时，日子就会正常起来。"我的一个朋友在阁楼里做了一间舒适的小禅室。在那里，她时常背靠垫子，点上蜡烛，放上富有禅意的图画，点上熏香冥想。

营造属于自己的角落或缝隙时，你需要考虑这些事情：

★　你是想待在室外还是室内？

★　你要什么样的光线，强还是弱？大量的自然光？烛光？柔和的灯光？阴暗的光线？

★　什么颜色能提高你的幸福感？

★　你想要完全安静，还是有一点音乐？大自然的声音？喷泉？记住，你可以使用耳机、白噪音发生器或耳麦。

★　你想要宠物陪伴吗？（你可以向猫学习，它们是补充能量的专家）

我的一个来访者在成人多年后仍然迷恋树屋。许多人喜欢躺在树阴下的吊床或躺椅上。另一些人则喜欢舒适的家具、柔软的枕头和温暖的毯子。

如果你无法拥有自己的专属空间，那就利用屏风、植物或书架来隔出一片天地吧！就连一块地毯也能给人一种分离感。我的来访者罗谢尔在五年级时挂了一张雪尼尔花线床单，把她和姐姐共用的卧室分成两半。因为她想要一个属于自己的房间，这就是她做出的尝试。初中的时候，她仍然在想办法寻求自己的空间，于是就搬到了小饭厅睡觉。她基本上蜷在床上（床基本上把整个小饭厅都占了），但那是她的地盘。我的另一个来访者在壁橱里为自己安排了一个小小的阅读空间。

记住，在不同的时间，你可能需要不同类型的空间。如果你大多数时间都待在室内，那么，你就可能更需要去户外走走；虽然在其他时候，你可能更喜欢舒适的壁炉。在这个世界上有很多方法可以创造私人空间。

我经常建议来访者，觉得世界在攻击他们时，他们应该想象出一个可以起保护作用的半圆罩或力场在围绕着他们。这种有东西保护自己免受外界刺激的感觉对增加能量大有好处。

光照与气温

内向者的身体似乎对温度波动和日夜交替特别敏感。早上，我们的身体通常比外向者更难启动（原因还是前面反复提到的"阀门关闭系统"）。我们需要自然光，尤其是明亮的晨光来帮助我们保持清醒。哈佛大学的学者们研究了光与警觉性之间的联系。他们发现，如果人们在早上做的第一件事是接受至少 15 分钟的明亮光照，他们一整天都会感到更有活力。自然光对所有人都是至关重要的，尤其是内向者，因为内向者的"阀门关闭系统"比较活跃。自然光线能调节一种被称为褪黑素的激素水平，它对情绪、睡眠和生殖系统都有很大的影响。光线不足会使褪黑素增加，导致抑郁和嗜睡。这种情况在冬季会相当严重，有一个医学专有名词："季节性情绪障碍"。

有一些方法可以接受更多光照。在家里或工作时要坐在窗边。为了让能力发挥到最好，你要避免使用荧光灯（最不自然的一种光），到外面晒一会儿太阳。如果你住在高纬度地区，不妨试试全光谱灯泡，这种灯的光线与阳光类似。如果你的办公室只有一个光源，那就多带几个灯来上班。

跟你讲一件有意思的事：内向者容易感冒，也容易觉得冷。他们的正常体温通常低于人类平均体温 98.6 华氏度。他们的"阀门关闭系统"会使血液从四肢流向身体内部，帮助内部器官消化食物，所以手脚得到的温暖血液就比较少。内向者如果觉得太冷，那么，他们就更难离开房子去运动了。与此同时，因为他们可能不像外向者那样容易出汗——这是人类感觉过热时调节体温的主要方式。当内向者感到过热的时候，他们就不能很好地工作，每个身体动作都慢到了爬行的地步，思维也慢慢停止。

内向者有一个相对狭窄的感觉舒适的体温范围。为了确保最佳身体机能，你可以做这些事：

★ 多穿几层衣服，这样你就可以随温度调整衣服。

★ 随身带一件毛衣或夹克，即使认为没有必要。

★ 口袋里塞个暖手宝。

★ 薄袜子外面套厚袜子，如果脚趾感觉太热，就可以脱下一层。

★ 带一个便携式加热器或风扇调节室温，每天至少打开窗户几分钟，保持空气流通。

鼻子都知道

不同于其他感官，鼻子能直通大脑。你吹过泡泡糖吗？这些童年的记忆是否在你脑海里浮现过？我们对香味会产生直接的反应，因为它们得到了情绪中枢和大脑记忆中枢的即时加工。

由于嗅觉是我们最基本的生理系统之一，它也会影响我们的"阀门关闭系统"。闻到喜欢的气味时，我们会慢慢地深呼吸，同时吸入更多氧气。我们已经看到，这两个过程会提高能量水平。有证据表明，香味也可以提高注意力和学习能力。在一项研究中，两组实验对象被要求完成连点成线游戏。一组被要求闻一种香味。然后，两组都被要求重做游戏。闻过香味的人速度快了30%。在另一项关于压力反应的研究中，研究人员让出现压力迹象的实验对象试闻了调味苹果的香气。紧接着，研究人员观察到了被试对象的 α 脑波有所增加，这显示被试者的警戒系统处在放松的状态。

在其他国家和地区，芳香疗法会在多种医疗或非医疗环境使用。例如，在英国，薰衣草和茉莉花分别被用来治疗失眠和焦虑。在该国的一项研究中，节食者在闻过自己喜欢的气味后，减肥进程比之前更顺利了。在日本，一些办公楼的通风系统会传播柠檬的气味，以提高工作效率。

你可以吸入几滴对你最有效的精油，感受芳香疗法的好处。泡澡时放几滴，按摩或美甲时用几滴。把香味滴在纸巾上，每天吸几次。或者点燃几根香氛蜡烛，让芳香在家中飘荡。

　　尝试香水、古龙水、香料和食物的各种味道，确定它们对你的情绪和警觉性的影响。一旦发现了什么是最有效的，你就可以使用特定的香味来唤起一种想要的心情。训练鼻子，把气味和情绪联系起来。例如，每当你处于放松或警觉的状态时就闻一闻橘子味。很快，每当你闻到橘子味时，它就会唤起警觉或放松的状态。

提神醒脑的香氛

薰衣草	薄荷油
玫 瑰	留兰香
洋甘菊	柑 橘
天竺葵	桉树油
檀 香	丝 柏
香 草	迷迭香
刚剪下的青草	香橙花

感受音乐的瞬间

音乐是属于你的体验、思想、智慧。

——查理·帕克

自古以来，音乐在所有文化中都被视作一种强大的力量，能够转换心境和改善情绪。研究表明，许多人觉得它比性更令人兴奋。它可以给我们力量，使我们放松，或者激励我们前进。音乐影响呼吸频率、血压、胃收缩和激素水平，进而影响免疫系统。心率会随着音乐的节拍减慢或加速，它可以增加氧合作用，改变脑电波（还记得吗，我们前面提到过 α 脑波）。

多项实验表明，音乐偏好是极其个人化的。让一个人感到舒缓的音乐可能会让另一个人感到刺耳。你对音乐的品位也可能一天天地改变。有时候，爵士乐可能会让人放松，有时也会令人恼火。密切注意你对不同类型音乐的反应，注意是否有某种特定风格的音乐会让你开心或者悲伤，放松或者充满活力。当你垂头丧气、情绪低落时，试着挑选一些与压抑心情相配的音乐，逐渐换成节奏更快的片段——摇摆乐、摇滚乐、雷鬼、新时代、战士民谣、迪克西兰爵士乐——你会感觉抑郁感逐渐消失。

　　内向者有时会感到难以开始行动，音乐可以使你迈出第一步。音乐还可以帮助你平静下来放松心情。它可以分散注意力，让你免受脑海中喋喋不休的不愉快声音的影响，或者从痛苦的回忆中解脱出来，振奋抑郁的精神。放松的时候，能量储存就会转换为可以利用的燃料。

　　抽出时间享受大自然的气息。自然的"音乐"可以让人耳目一新，心旷神怡。我喜欢听一张录有大自然声音的 CD——充满电闪雷鸣和山间风雨的声音。听完之后，我感觉心旷神怡。你可以在窗户外面放一个鸟食器，听各种鸟儿的啁啾啼鸣。你也可以漫步海边，穿过树林，或漫步湖边，专注倾听大自然演奏欢快的乐曲。

　　许多研究表明，哼歌、吟唱和吹口哨能让我们保持活力。它们能改善情绪和注意力，减少焦虑。想想看，有多少父母会不自觉地给孩子哼歌。唱歌会增加摄入的氧气，似乎对神经递质也有影响，所以不妨在淋浴或驾车兜风时唱唱歌。你如果想要深入唱歌的话，不妨加入合唱团。注意唱歌让你感觉轻松愉快了吗？别忘了还有吹口哨。这是一门遗失已久的艺术——双唇合拢吹起来，将它重现于世吧！我敢说，你一定会感觉更有活力。

倾听身体的述说

人的情绪就像交响乐，而血清素就像指挥棒。

——詹姆斯·斯托卡德

　　正如我们所看到过的，乙酰胆碱、血清素和多巴胺是大脑的神经递质，有多种重要的心理生理功能，将其维持在最优水平是极其重要的。除了使用药物，我们控制神经递质的唯一方法就是保持身体健康。我们的大脑和神经递质受营养物质、睡眠、压力和锻炼的影响。

营养饮食

食为人本性，消化天注定。

——查尔斯·T.科普兰

　　由于神经系统的结构性差异，内向者的食物代谢速率很高。食物摄入后转化为能量，然后被消耗。因此，血糖水平很难保持恒定。每天规律进食可以提供稳定的营养来源，保持血糖相对稳定。进食能够防止情绪波动、头痛和嗜睡。（回想一下，吃过丰盛的节日大餐后，你的感觉

是不是变迟钝了）

著名医学科普作者让·卡珀在《你神奇的大脑》（*Your Miracle Brain*）一书中说："关于大脑的运转机理，以及如何通过食物和补充剂来影响思想和行为的一些最令人兴奋的发现，都来自对神经递质活动的新认识。"她继续说道："激进的结论是，神经细胞产生和释放的神经递质类型及其在大脑中的作用很大程度上取决于你吃的东西。"显然，这样看来，食物就是大脑的一个关键调节器。"人如其食"，我想并非是戏谑之语。

下面介绍一些对神经递质有益的关键营养素。

乙酰胆碱是内向者主要的神经递质。它可以改善学习、记忆和运动协调能力，同时还能预防老年痴呆症。雌激素能够增加乙酰胆碱，所以女性进入更年期后，由于雌激素的减少，乙酰胆碱水平下降，往往会出现记忆问题。增加乙酰胆碱释放量的最佳食物是鱼类（三文鱼、鲱鱼、鲭鱼、沙丁鱼等）、蛋黄（极好的来源）、小麦胚芽、肝、肉、牛奶、奶酪、西兰花、卷心菜和花椰菜。

血清素帮助我们冷静。它的关键组成部分是碳水化合物转化而来的色氨酸。碳水化合物也叫糖类，下列食物中都含有碳水化合物：淀粉、细粮、豆类、蔬菜和许多水果。碳水化合物有两种，一种快速释放，一种缓慢释放，对血糖和血清素的影响各有不同。巧克力棒是快速释放的碳水化合物。它会迅速分解，刺激血糖和血清素含量上升。能量先是激增，然后骤降。吃完一顿之后，你可能马上感觉能量充沛，而过了一小时，你又会觉得智商下降了50点。低脂酸奶是一种缓慢释放的碳水化合物。它会逐渐分解，像缓释胶囊一样逐步提高血糖和血清素含量。在每天适当的时候吃点分解缓慢的碳水化合物可以让人平静下来，因为血清素会慢慢释放出来。傍晚食用释放缓慢型碳水化合物可以很好地舒缓情绪，可以帮助你入睡。认真研究碳水化合物的工作原理，认清哪些食物是最好的。我在参考书目中加入了一些营养学方面的好书。

多巴胺会提高你的警觉性，让你感觉不那么饥饿。多巴胺的关键成分是酪氨酸，当你摄入蛋白质时，它会在血液中释放。蛋白质能给大脑提供能量，并能快速消除饥饿感。因此，每顿饭先吃一点蛋白质是明智的做法。鱼、肉、蛋、奶制品、花生酱、某些豆类和坚果都富含蛋白质。蛋白质来自瘦肉或脂肪，摄入少量瘦肉蛋白质有利于人们保持灵敏。

关于水，我只说两个字：**多喝**。身体的每一部分都需要水才能运转。身体至少 60% 的部分都是水，各种体液的主要成分就是水。一整天，你都在逐渐流失水分，脱水时能量就会下降。所以要不停地小口喝水。营养学家建议一天喝 8 杯水。你的身体会感激你的，而且喝水可以保养细胞，让它们"充盈"起来。

保证睡眠

斯坦福大学医学院睡眠障碍中心主任威廉·德蒙特说："有相当多的美国人，也许是大多数美国人，每天都因为缺乏睡眠而患有睡眠功能障碍。"睡眠不足会让人更容易发怒和犯错误，感觉迟钝，并降低注意力。最重要的是，它阻止了快速眼动睡眠，也就是做梦的状态。在快速眼动睡眠中，我们将日常经验储存在长期记忆中。如果得不到充足的睡眠，大脑的这项关键功能就会缺失。那么，许多内向者所害怕的"大脑空荡"就会成真。

内向者之所以睡眠困难，一个原因就是他们的大脑非常活跃，流向大脑兴奋区域的血量比外向者要大，而且不断受到各种刺激的冲击——来自内部和外部世界的都有。他们无法像按开关一样关闭自己的想法，把周围的世界拒之门外，或者让内心的声音平静下来。这通常会让他们更难冷静放松，更难睡足专家建议的 7 ~ 8 个小时。

下面有一些帮你入睡的小建议：

- ★ 内向者通常对咖啡因很敏感，所以只能在上午喝咖啡。
- ★ 卧室窗户采用深色玻璃，用耳塞或白噪声发生器把噪声隔绝。
- ★ 把电视搬出卧室。
- ★ 设置安神睡前仪式，每天在同一时间上床和起床。
- ★ 保持卧室凉爽。
- ★ 如果你睡不着，做深呼吸，告诉自己正在帮助身体入睡。你也确实在这么做。

做点运动

内向者比外向者更不爱动。他们活动身体的激励不足，很多人也不喜欢锻炼。但是，找到保持身体健康的方法很重要。锻炼的一个重要意义是增加大脑供氧量。有了更多的氧气，神经递质功能和记忆力就会改善。同时，如果你的肌肉有一点紧张，你的身体会更强壮，更有耐力和灵活性。最后一点，锻炼可以增强心肺功能，从整体上提高体能，你可能会感觉能量更加充沛。关于锻炼，我能给出的建议是：挑一个或几个你喜欢的运动，并在日历上记录与"运动"的约会。然后，就像耐克广告上说的："Just Do It"（放手做吧）。我发现，虽然有一些内向者喜欢团体运动，但大多数还是喜欢个人运动，瑜伽、伸展、游泳、武术、中重量级举重、跳舞、直排轮滑、骑自行车，或者闪闪发光的铝制滑板车，这些都是有益健康的运动。我喜欢边走路，边听有声书。曼尼是一位性格内向的英语教授，他喜欢和他的两只小狗济慈和雪莱一起散步，两条狗看起来就像两个在人行道上奔跑的皮球。另一个来访者喜欢划船，还有几个来访者爱打高尔夫。

记得调整自己的步伐。每周锻炼 3 次，每次 30 分钟，比每 2 周集中锻炼几个小时要好。坚持很重要，因为停止锻炼是很容易的。不幸的是，很多人都会这样。因为大多数内向者不像外向者那样能从锻炼中得到同样的能量提升，并且从运动体验中得到的快乐也要更少，所以一旦停止就难以重新开始。记住，你的目的是有益身心。结束一个阶段的锻炼后，奖励一下自己——买一本新书，洗个热水澡，玩电脑游戏，或者看场电影。

精神成长

我们不是试图成为灵体的人类，而是试图成为人类的灵体。

——杰奎琳·斯莫尔

　　精神成长对许多内向者来说很重要。我们的性情倾向于和平与诚实，而且，很多内向者都想了解生命的意义。有时，我们对生活的观察犹如管中窥豹，而精神信仰会帮助我们看到更宏大的图景，平衡内在世界和广大的人类世界。感受更多的可能性有助于驱散沮丧或绝望的感觉，赋予我们能量。我们的精神信仰往往会带来额外的好处，使我们能够在有序的环境中享受友谊和社群感。

　　精神上的练习可以带来乐观的心态，是一种应对世事的方式，给人平和的感觉和整体的幸福感。你如果目前没有参与精神方面的活动，而且觉得值得一试，或者想要拓展已经萌发的兴趣，深入地参与进来，那么不妨尝试一下这些活动：观察生活中的特殊时刻，写下每天心存感激的三件事；节日期间给孩子们买玩具，当他们的大哥哥或大姐姐，或者在夏天送一个贫困的孩子去露营。这些只是你奉献时间、金钱和能量的众多方式中的一小部分。反省一下，看这些事情有没有让你感到充实。

江城的麻烦

江城有麻烦了，以 T（trouble）开始，以 C（crime）结束。

——哈罗德·希尔教授

在 20 世纪初的音乐剧《乐器推销员》（*The Music Man*）中，哈罗德·希尔教授告诉江城的人们有"麻烦"了，并说服他们为孩子购买乐队制服和乐器。"麻烦"是什么呢？孩子们闲着的时间太多了。有了空闲时间，男孩和女孩很容易被引上邪路。

如今，懒惰是魔鬼的游乐场，因此孩子们一直被迫忙得不可开交，这种想法甚至比《乐器推销员》的时代还要强烈。但是，反思和思考的时间不仅对内向的人有益，而且也是很有必要的。更重要的是，正如安东尼·斯托尔在《孤独》（*Solitude*）一书中所说："独处的能力也是情感成熟的一个方面。"一直以来被认为是麻烦或不好的品质，实际上正是心理健康的一个标志。

阐明目标

我们必须决定自己要发挥怎样的价值，而不能决定自己的价值有多大。

——埃德加·Z.弗雷登伯格

是什么赋予了你生命的意义？你想要如何为世界带来改变？每个人

都有自己的人生目标。你可能会觉得你没有，或为不能想到一个目标而感到恐慌，但是你的确是有目标的，或者能够想到一个目标。许多内向的人想知道他们来到这个世界的原因（不一定是拯救全世界）。这个目标帮助他们将自己的内在力量引导到最有成就感的事情上。明确的目标赋予生命意义，提高生命的能量，因为它为你提供了人生的方向。它能够塑造你的生活，让你感到更有动力，更少不满。

因为内向的人可能不像外向的人那样，有那么多能量去进行"外界"的活动，所以对他们来说，集中注意力去做最有意义的事情尤其重要。而且，因为他们很容易在日常生活中感到不堪重负，所以他们可能不会去想自己真正想要什么。

你也许已经明确了自己的目标。如果你还没有这么做，又想写一份目标陈述，那么下面的指导方针会对你有帮助。记住，你的目标未必要固定，可以随着时间而改变。

下面是动笔之前你要思考的 5 个问题（如果你想到其他相关的问题，很好，都用上）。写下答案，捕捉闪现的第一个想法。不要拘束，随意思考那些突然出现在脑海中的想法（回顾第八章设定的具体目标和优先事项或许会有帮助）。

不需要痛苦万分。如果在脑海中浮现"我想要快乐"的想法，就想想什么会让你开心。然后把你的想法记下来。放几天，再浏览一遍。记住，你又没有把文字刻在石头上，随时都可以修改。

1. 我生命中最重要的是什么？
2. 我想为世界做些什么？

3. 在这一生中，我希望实现_____？

4. 我怎样才能让这些事情发生在我的生活中？

5. 在旅途中，我想和谁在一起？

下面是我写的（这只是一个例子，不是一个**正确的**答案）。

我的目标陈述

我的人生目标是每天都要自觉、有意识地生活，做出可以激励自己和他人成长的选择。我希望我的工作能为人们打开更多的路径，用更多的同情和欣赏来理解自己。我想建立基于相互性、乐趣和成长的有意义的关系。我想给他人留下各种回忆，出丑的时刻也好，感动的时刻也好。我希望留下回味悠长的智慧。

不妨小试牛刀。陈述不一定要完善、深刻，甚至不需要回答上面列出的全部问题（你可能注意到我的例子也没有全部回答列出的问题）。只要是为**你**量身定做的就好。你可以随时修改和更新。目标陈述能帮助你将个人能量导向对你最重要的事情上，让生活富有意义，这些意义建立在你自己的价值和禀赋的基础上。它能让你浑身充满活力。

结交朋友

内向的人经常感到被孤立了，有时还感到孤独。我已经解释过，这其中有许多复杂的心理和生理原因，但有一种解释是不可忽视的：很多内向者的朋友圈子比较小。外向者可以把熟人都当成朋友，而内向者却认为，所有的人际关系都必须是"深交"，必须"有意义"，这样才算真正的友谊。但是，把更多熟人看作朋友，并接受一个事实，即满意的朋友关系既可以是浅的，也可以是深的，世界就会变得更友好。拥有更多朋友，也给生活增添了情趣。否则，我们就总是会陷入原有的轨道。

如何广交好友？

• 向性格外向的朋友解释自己内向的性格，向他们解释说，当你感到精力充沛时，你可能需要打电话或发电子邮件给他们。他们如果在几周内没有收到你的来信，也不要感到你们的关系出了问题。

• 向内向的朋友解释内向性格，因为他们可能也不太了解自己的性格。

• 至少每两周安排一次与朋友共进午餐。

• 不时邀请朋友到家里来，说明开始和结束的时间。

• 离开所谓的负能量的"朋友"。

广交朋友还有一个原因，那就是保障情感支持。如果一个朋友失去联系了、搬走了，或者已经离世，又或者莫名其妙地与我们结束了关系，我们的情感支持就会不足。

年龄越长，越是如此。我们需要能够谈论我们喜欢的或者有教益的话题的人；我们需要能在任何事情上都聊几个小时的人。我们需要书友和能出主意的朋友；我们需要可以安静相处的朋友；我们需要可以一起做傻事的朋友；我们需要可以一起旅行、购物、看电影的朋友；我们需要各个年龄段的朋友，从小孩到老人。我们需要内向和外向的朋友；我们需要理解内向者的朋友。

结语：当你的天性得到滋养

幸福不是到达的车站，而是旅行的方式。

——玛格丽特·李·伦贝克

　　把你自己想象成本章开头提到的郁金香。把自己看作是一个充满生气的、优雅的、坚强的、名贵的、神奇的花朵，需要你特别的照顾，只有你才能滋养你自己。在某种程度上，你会沮丧地意识到，余生都必须小心地维护自己的环境。从另一个角度来说，意识到自己有能力照顾好自己是件令人兴奋的事。如果你偶尔会在工作上受挫，读读这一章，回到园丁模式，滋养自己。你可以随时随地做这件事。

如果你定期进行上述提升精神的活动，哪怕只做其中一部分，你也已经为消除生活中的一切障碍做好了准备。滋养自己能让我们更坚强，更快乐，更能接受自己的内向性格。你会感觉，自己不那么像离开水的鱼了。

- ■ 培育你的特殊天性。
- ■ 注意什么会提升你的能量，什么会耗尽你的能量。
- ■ 当你感受到幸福平静时，这意味着你正走在正确的轨道上。感到烦躁和疲倦是需要改弦更张的信号。
- ■ 小改变有大回报。
- ■ 明智地消耗自己的能量。

第十章 | 外向一些：把你的光芒照进世界

恐惧是一回事。让恐惧拎着你的尾巴
摇晃，这是另一回事。

——凯瑟琳·帕特森

你已经承认自己是一个内向的人，按照自己的方式过着舒适的生活。现在，你应该重新感受一点不舒服了，有上佳的理由让你这么做。虽然停留在熟悉的范围内很好，但未必总能做到。有些事情需要外向者的技巧才能达成。例如，如果你想找一份新工作，给你的孩子换医生，或者交新朋友，你就需要外向者的技能。如果我不愿意挑战极限，我就写不出这本书。我必须咬紧牙关，打电话，出去采访，和许多人交谈。

有时，为了实现目标和梦想，我们都需要做一些外向的事情。我们必须在舒适区之外进行尝试。干完之后，总是可以马上缩回来的。

外向的人就像灯塔一样，将能量集中在外在的世界，他们天性如此。他们的注意力从自己身上移开，不断地扫描外部环境。这就是外向者获得能量的地方，他们也从多巴胺流动的嗡嗡声中获得了深层快乐。内向者就没有这样的运气了。我们就像灯笼一样，柔和的光芒暗示着内在的力量。我们的注意力总是在自己的心绪上。进入现实世界时，我们必须以不同的方式做事。我们需要减少内部的亮度，打开另一盏灯，把光束聚焦到外面。

外向的人踏入现实世界时散发着自信，无所畏惧，大步前进。他们爱说话，心态开放，有闯劲儿，愿意尝试几乎任何东西。就像他们需要从内向者身上学到一些技能一样，我们也需要学习他们的一些技能。

在这一章中，我提出了一些策略，让你的尝试更加顺利，更少焦虑。你将学会采取"外向态度"，这是一种更轻松、更无忧无虑、更自信的生活方式。控制好时间，把握好度，你就可以将这种态度转化为自己的优势。

我们对于舒适区的错觉

生活安顿下来的那一刻，我们对于某些方面将无所适从。

—— 盖尔·西莉

从婴儿开始，我们就能在熟悉的事物中找到安全感。任何性情的孩子都可能用毯子或毛绒玩具来驱散陌生感。破旧的织物让他们想起了舒适温暖的家。它平息了他们的恐惧和焦虑。成年之后，我们继续寻找熟悉的事物，因为它能帮我们应对不知所措的感觉。内向者比外向者更倾向于关注熟悉的事物，并从中获得安全感。获取新的外部信息是需要能量的。

内向的人可能会产生一种幻想：只要待在舒适区，就会万事大吉。但这种幻想可能会限制我们自己。无论多么小心地构建自己的生活，你仍然会遇到阻碍、挑战、障碍以及不愉快的感觉，你需要有处理的能力。这就需要尝试新的行为，容忍一种"我怎么不像我了"的陌生感。

此外，成长意味着对自己产生新的感觉。与世隔绝的生活可能会保护你免遭不悦感觉的影响，但它也会限制你的经历，让你无法结识新人，而这些经历和结识都可能会帮到你，带给你从未想象过或者觉得根本不可能的快乐。

　　过于安逸会让我们失去个性中的某些部分。肌肉不锻炼就没力气，即使你不时发挥自己的个性，它们也不会变强。更重要的是，如果没有新的信息和挑战，你就会感觉无聊或沮丧。对被抛弃、拒绝或失望的恐惧可能会增加，除非积极的外部经验提醒你，有些恐惧并不真实。

　　作为内向者，你需要提醒自己，虽然表现出外向时会迅速消耗燃料，但你也获得了新的想法、关系和经验。世界是令人兴奋的。你不像外向的人，随心所欲地闪耀光芒，但是，你可以精确地定位你希望集中外向者能量的领域。

获得自信

第三次、第四次尝试去做的事才能体现你的个性。

——詹姆斯·麦切纳

即使不是感觉最自然的氛围，内向者也需要有自力更生的感觉，能够自己应对局面。对付难缠的同事，到商店退货，说服老板加薪，投诉孩子的学校，加入读书会，这些事都是挑战。但是，挑战必须被克服，而充满自信心是一个很好的开始。记住，你可以先像外向者那样大放光彩，然后收敛光芒，回到灯笼的状态。表现出外向的时候，要好好照顾自己，时不时休息一下。你的努力会得到回报。

很多内向的人都待在舒适区内，因为他们不确定自己是否能在"外向者的世界"中生存下来。在外面时，他们常常感到不知所措，忘记了自己的能力。他们可能会把自己和外向者比较，并认为自己有缺陷。他们还会退缩回来，以免损害自我感觉。内向的人还会陷入美国文化中的流俗之见，即个人价值建立于成就而非品性之上。

芭芭拉·德·安吉丽思博士在《信心：找到并依此而生》（*Confidence: Finding It and Living It*）一书中解释道："当你以**品性**而非**成就**为基础建立起自信心的时候，你便创造了一个任何人、任何境遇都不能剥夺的东西。"这对内向的人来说很重要，因为在外向者的世界里，我们的很多能力并不被看重。

信心这个词常被误解。人们会以一种外向的方式来看待它：雷厉风行，能量充沛，取得很多成就。但如果这是真的，只有奥运冠军才会有内在的安全感。这不是大自然对宇宙万物的设计，否则大多数人就会被排除在外。同时，想想那些似乎达到了人生巅峰的人吧，他们很有成就，却做出了自我毁灭的行为，比如吸毒或酗酒。此外，如果你的信心建立在原本就擅长的事情上，那就很难开拓新领域。要想干点全新的事情，你需要从零起步，经历曲折的学习过程，而且会表现笨拙。完全基于成就的信心限制了开拓和掌握新兴趣点的能力。

我们来看看肖恩吧！他 20 岁出头，我采访过他。在第一次见面时，他对我说："我的脑子太快了，其他人跟不上我的步伐。我很小的时候就意识到，我比大多数成年人都强。我就像动画片《乐一通》里面的威尔狼一样风风火火。"有些人听到肖恩讲的勇敢故事，就误以为这是自信。事实上，肖恩很害怕，很冲动，也很被动。他没有信心，只是依靠动作快，他把它等同于知识和智慧。在肖恩的职业生涯中，他很难与权威人物相处，事业也陷入停滞。他**做**了很多事情，但每一项都进展缓慢。

如果你只有干自己擅长的事情才会感到自信，那么**其他**情况下会怎么样呢？如果你只有抚养子女时才对自己的能力有自信，那么他们不再需要你的时候，你该怎么办呢？或者，如果你从事救护工作，那么当你没有帮到别人的时候，你会有怎样的自我感觉呢？比方说，如果你生病了，什么都做不了，于是你就没有价值了吗？

基于成就的自信和基于品性的自信是有区别的。这就是为什么实现一个具体目标——比如从学校毕业，买一辆漂亮的车，得到晋升，或者在银行里有一定的存款——感觉很好，但是很快会消失。研究表明，从一次大的晋升中获得的满足感最多可以持续 6 个月。为了感到自信，我们需要某些永远伴随着自己的东西。信心需要来自我们**内心**，而非**外物**。

信心在于内心的承诺。你为了达到自己的目标而与自己达成的协议，学习也好，做别的事情也好。这是一种能力，它使人坚定，让人好奇，忍耐错误，在学习新技能的过程中善待自己。没有人能从你身上拿走坚持或任何品质。

内向者尤其需要考虑内在的能力，因为他们不像外向者那样有众多外在的成就去依赖。他们不像肖恩，甚至不能欺骗自己说他们觉得自己有信心。此处列出几项内向者确实具有的优势：能够长时间集中注意力，坚持不懈，考虑周全，掌握新信息，工作努力认真，思考能力强，能够想象创作，等等。

我还可以接着往下添加。我告诉来访者，我在他们身上看到了某些品质的时候，他们往往会很惊讶。他们经常说："我从来没有想过我在这些方面是有价值的。"

那么，如何才能提升你的内向型自信呢？只需要一些观察技巧。假设你有一个存储信心的银行账户，每当你为了一个目标或优先事项而努力的时候，把它存到账户里。你可以设想账户里存着"信心币"。

此外，还有一个更好的办法：给信心做账，记录自己的"存款额"。当你感到胆怯，却依然在逆境中做着最后的努力时，就在账本上记下一笔信心存款。无论何时，当你信任和重视自己的情绪时，都要在账户上增加一枚硬币。如果有人批评你，而你也客观考虑了反馈，而不是高估（他们是正确的，我是卑劣的）或者低估（他们不可靠，我才是对的）的时候，往账户里存几个硬币。在你决定如何回应批评之后，"我能理解你的观点，但我认为你误解了我；我想说的是……"，再存一次款。感觉到生活有希望的时候，往账户里面投币。如果你感到失望——与想要的工作失之交臂——允许自己悲伤沮丧几天吧！提醒自己，这只是一份工作。投出另一份简历时，再把几个硬币存到账户里。

想象一下，如果每次表现出昂扬自信的时候，你都感觉真的有一笔钱存进银行里了，这会怎么样呢？很快，你的账户里就会有很多钱了。

摆脱套路

我接待过很多来访者，他们心理焦虑的时候，肌肉也会紧张起来。他们的身体就像仪仗队的铜鼓一样，绷得紧紧的。告诉他们不要焦虑？没用的。批评他们也没有用。这只会让他们更加紧张。所以，我会建议他们反其道而行之。例如，身体感到紧张时，我们通常试图使自己放松。但这并不总是有效。所以，我们可以换一个套路，故意把全身绷紧。然后长叹一声，让身体放松。像炎炎夏日里从喷头下面穿过的金毛猎犬一样，摆动自己的身体，摇起来，甩起来。想象一下，水珠在你周围的空气中像雨滴一样落下。你现在感觉如何？

现在，你要表现出外向了。不妨浏览一下自己的账本，或者想象自己有一大笔存款。这笔存款在不断提醒着你：你能够为自己的目标努力，你可以自力更生；你有韧性，适应能力很强。如果需要的话，你可以寻求帮助，在遇到障碍或失望后重新振作。

打破常规

当你发现骑在一匹死马上，最好的策略就是下马。

——达科塔人谚语

总的来说，外向者不会花太多时间陷在一成不变的生活中。他们甚至会不假思索地结束一段生活，开启下一段生活。但是，对于内向者来说，开始一种生活就像攀登珠穆朗玛峰一样。因为他们知道，从熟悉的老路走出需要额外的能量，而他们也不会从身体运动中获得快乐感，所以很容易留在原地。面对熟悉的事物，我们不需要花费多少能量。而且，内向者在世界上只占少数，他们会认为自己比其他人有更多的问题，这就强化了一种观念：他们有问题。他们感到更加羞愧，更加孤立。内向者常常没有意识到，生活本身就会有压力和重担，每个人都在以这样或那样的方式挣扎着生存。

那么，如果内向者陷入了千篇一律的生活，该怎么办呢？这可能会让你大吃一惊。但是，只要换一种方式来做哪怕一件事情，改变就会更容易。这就像在池塘里扔一块石头，涟漪改变了整个水面的宁静。试试以下办法：

★ 找出你想要改变的既有模式。

★ 换一种方法来做其中**任何**一个部分。

★ 尝试一下你在其他情况下成功使用过的办法。

★ 运用矛盾法。想想如何让问题变得更糟，新的解决方案也许就出现了。

★ 把注意力集中在你希望发生的事情上，而不是正在发生的事情上。

★ 祝贺自己的成功。做一些不同于往常的事情，放飞自己。

下面举一个实例。我有一个访客叫亚历克斯。他每晚下班回家都是看电视，但他想改变这种模式，每周至少一天晚上出门。首先，针对他已经安坐家中就很难再出门的情况，我建议他下班直接去别的地方，看一场电影或参观博物馆展览，与同事喝咖啡，逛逛购物中心。然后，我让他想象一下，如果接下来 3 个星期都不能出门，他感觉会怎么样。这个激励往往会有奇效。它驱逐了恐惧。突然间，他想到了许多他想去的地方。接下来，我鼓励他想象自己在高尔夫练习场打一桶球，或者前往清单上列示的其他有趣地点，包括天文馆、书店、美术馆。我让他全部记在一页纸上，标题写上"周末活动"，放在办公室或者车里，方便他时时想起他的选择。他最后去了图书馆看书，并过得很开心。

许多内向者在生活出现变动时会感到焦虑，这就是不确定阶段。他们离开家就会感觉特别紧张。他们会预测出现的问题，也知道出门需要更多的能量。同时，他们也担心自己在陌生的环境中能否自处。他们经常害怕自己会落下可能需要的东西。例如，我的一名内向者访客霍莉告诉我，当她准备出门的时候，经常找不到钥匙和掌上电脑。她还会把重要的东西落在家里，不得不跑回家好几趟。这两种情况都使她极度焦虑。我和霍莉讨论了如何改变这种状况。

我让她注意准备离家时的各个步骤。第二周再来找我的时候，她谈了所有出错的事情。我问她有没有比以前顺利，她就跟我讲了去健身房的经过："我在屋子里走来走去，我拿起运动服、随身听、水瓶和其他装备，然后放进健身袋中。健身袋就放在大门口的钱包旁。接下来就是检查一下袋子，最后出门。"我问她，其他情况下，她是否也可以用到上面的步骤。接着，她就想出了一个主意——在门前设一个"整装区"。"出门前一天晚上，我可以在屋子里收拾需要的东西，告诉孩子不要动这些东西。"她认为，这会减轻忘记重要物品产生的焦虑。最后，我让她想象自己心情放松地离开家，提醒自己万事俱备。霍莉后来说，在接下来的几个星期里，她找到了更多的方法来缩短"准备时间"，离开家也不感觉那么疲惫了。

当内向者以不同的方式处理日常出门的任何准备工作时，这些方法都会让他们更自觉地去做事，而不会沉浸在习惯性的焦虑中。

逍遥人间

　　作家兼艺术家玛丽·恩格尔布莱特写道："生活总是有酸有甜"。外向者通常被认为是爱玩乐的人，在广阔的天地中体验和玩耍对他们来说有着极大的乐趣。另外，内向者往往对自己太苛刻。小的时候，他们可能做傻事受到过批评，所以他们不再表现出自己的那一面。另一个原因是，内向者自我意识强，不喜欢引人注意，可能将玩耍和愚蠢、过度刺激、疲惫不堪联系在一起。然而，玩耍和自发活动可以增强活力，让人们聚在一起，让生活更有价值，开阔我们的视野。我们如果没有生活的乐趣，就会过于严肃和冷漠。

　　玩耍意味着给自己一个空间，那里一切皆有可能。注意看孩子是如何堆叠积木的，然后积木倒下来，以某种奇特的方式散落在地板上。孩子们很兴奋。这时，新的事物发生了。婴幼儿研究表明，父母和婴儿之间最重要的纽带就是玩耍。它是把人们凝聚在一起的黏合剂。玩耍也能释放紧张情绪。它可以在观念之间建立新的联系，开启你的思维，吹散大脑里的蜘蛛网。

　　做演讲的时候，我首先会感谢主办方的邀请，接下来说："等一下，我是老花眼，你们知道的。"然后我打开手提包，快速翻找一番，匆忙戴上我的格罗乔·马克斯同款眼镜。当我看向观众时，大多数人都会笑起来，精神振奋了一点儿，我们感觉到团队凝聚了起来。

即使我们内向者需要玩耍，自发的、令人兴奋的环境总是不确定的，这会让我们感觉受到威胁。然而，生活就是不确定的，许多生活的美好之处恰恰来自于这个事实。很多事情都是意外发现的。走一条新路线，你可能会遇到未来的配偶。内向型性格需要有放松的能力，享受生活中的不同寻常。

我发现，大多数内向的人都有爱玩的一面，即使他们没有意识到这一点。爱玩的态度可以帮助内向者减少恐惧，减少能量消耗。为了帮助你接触到自己更有趣的一面，写下 5 件你私下里一直想做的事情——超出日常生活的事情，跳出固有的思维模式。

这里有一些建议：

★ 在餐馆，点一份从来没有尝试过的食物，比如蜗牛（我说的是法国大蜗牛）。

★ 周六熬个夜，或者起个大早，总之要跟平常不同。

★ 观看没有看过的老音乐剧：《雨中曲》（*Singin' in the Rain*）《乐器推销员》（*The Music Man*）、《俄克拉荷马》（*Oklahoma*）、《长腿爸爸》（*Daddy Long Legs*）。

★ 闭上眼睛，把一分钱丢到喷泉中，许一个愿。

★ 与家人或好友玩游戏，像 Taboo 猜词游戏、扭扭乐、Charades 猜词游戏。

★ 来一次梦幻之旅，去尼泊尔、塔希提岛、俄罗斯或亚马孙河。想象一下那里的气味、感觉、景象和声音是什么样的。想想你可能在那里吃到的异域美食，来一份烤蛇怎么样？想象一下它的味道。

★　做一件小时候就想做，但因为当时年纪太小、父母不让做或者承担不了费用的事情——对我来说，我想要一个游戏室——利用这个机会创造自己想要的东西。

你可以找到好玩的方法来做普通的事情。我有一支粉色钢笔，用它写字时，笔尖会亮起来。我还有一支胡萝卜形状的笔，会咯咯笑。人们——甚至是严肃的人——看到这些傻里傻气的钢笔时，突然就会活泼起来，这一直让我感到惊讶。他们总是大笑着和我谈论我的笔。笔给我的生活增添了活力——而且，我觉得也为他们的生活带来了活力。

花点时间出去玩，不要把事情看得那么严重。欣赏自己的优点和局限。享受自发性的一面。

表现出外向的七个策略

你必须总是做你认为做不到的事。

——埃莉诺·罗斯福

通过提升自信，走出固有模式，学会玩耍，你为面对外部世界做好了准备。这里有七个策略可以让冒险变得更有意义。

策略一：想到就说

外向的人喜欢交谈，因而比内向者有更多听众。外向的人不喜欢长时间倾听，如果内向者说话缓慢或犹豫，外向者可能干脆就不听了。因为内向者声音柔和，而且有能力看到问题的两面，一些外向者就认为内向者不聪明，或者是优柔寡断。如果你多年来有过这样的经历，说话的时候感觉被忽视或者无视，或者认为让别人注意听你说话太费劲，你可能就会失去表达自己观点的勇气，也可能感到被孤立了。令人惊讶的是，几个简单的技巧会让这种情况产生巨大的变化。当你感到精力充沛的时候，试着每周练习 2 次，持续 3 周。记住，你只需要短暂地进入外向者的世界，张开自己的嘴巴。

出去找两个陌生人说说话。选一个你身边看起来很友好的人，说点与你们所处的地点有关的事情。"枫树上的红叶是不是很壮观啊？""这里的服务真是太慢了！""我真是太喜欢这家店里的蜂蜜小麦面包了！"说话快一点儿，声音比平时大一点儿，句子简短，只说一件事。然后，继续做手头的事情：购物、坐着、排队。看看会发生什么。注意看你是否焦虑。对许多内向者来说，单是和陌生人说话就会带来很大刺激。提醒自己，你可以在心情激动的同时闲聊几句。想象自己说话毫不费力的样子。

注意与你交谈的人是否很容易就能进入对话，给你回应。如果他们什么都不说，告诉自己，他们可能只是身体不舒服，别太在意。如果他们跟你攀谈起来，你要提醒自己，简短愉悦的聊天能够建立人与人之间的联系。当你想要接触别人时，这种经历可以激励你去花一点额外的能量。

换上快乐的面孔

微笑可以提升创新能力，振奋情绪。活动面部肌肉会影响各种神经递质，引导血液流向大脑。来做个简单的小试验吧！

首先，扬起眉毛，咧嘴微笑，露出牙齿，保持这个姿势 30 秒。你的脑海中会闪现什么样的想法或感觉？

现在，把眉毛皱起来，收紧下巴。再保持这个姿势 30 秒。现在你脑中又有什么想法和感觉？如果你看起来更快乐，你可能就会真的感到更快乐。所以，如果需要的话，不妨假装自己很快乐，直到神经递质开始起作用。

在和陌生人进行了突然而短暂的交谈之后，是时候把能量集中到时间更长的任务上了——让你觉得胆怯的事，比如说退货（通常内向者都讨厌退货）。如果你不害怕退货，那就试试其他类似的事情吧，比如要求电话公司修改账单上的错误，或者在地毯清洁店讨价还价。选择一个让你高度焦虑的任务。内向者通常害怕一些要求快节奏的事情。这些事情不可预测，可能需要立即做出决定，每个地方都隐藏着冲突。许多内向者最后会感到非常焦虑和不安。但不要让自己被吓跑。

当你准备好冒险时，演练一下你想说的话，比如"我想把这件毛衣退掉。很遗憾，它不适合我的女儿。这是收据"。经过几次练习，你就准备好了。

研究表明，语速快、声音洪亮、避免使用俚语土话会被人们视为精明的表现。无论你是在教室里和孩子的老师谈话，还是和同事在办公室里开会，还是在家庭聚会上，都要用坚定、有力、清晰的声音，说出简短、果断的话语，用眼神直接交流。如果你是团队中的一员，发言要简短坚定，而且要结合其他人的发言："我要补充一句……"或者"就像吉姆所说，我认为……"完成任务后，一定要小小犒劳一下自己。

策略二：快速平息内心的愤怒

> 我破产在即，但一种想法使我保持了冷静——很快我就
> 会穷得不需要防盗报警器了。
>
> ——吉娜·罗特费尔斯

每天都有令人不愉快的事情发生在我们身上。开车别人抢道、重要的约会迟到、电脑死机、被老板批评、想不起客户的名字、脏东西洒在最喜欢的衬衫上……这样的例子不胜枚举。

生活的烦恼通常使内向者比外向者更沮丧。由于他们对自己的内心世界更敏锐，他们会更早、更强烈地注意自己对压力的反应。当内心烦恼增加时，让他们平静下来就会更难（外向者较少关注内心世界，坏消息往往会像鸭子背上的水珠一样滚落）。

神经科学告诉我们，面对情绪反应，最好从一开始就去处理，而不是累积起来。在《高能生活》（*High Energy Living*）一书中，作者罗伯特·库珀提供了一种普适性的冷静方法。我改造了一下，形成了"快速冷静法"。与其他处理压力的技巧不同，它只需要几分钟和 5 个步骤，你可以在任何地方使用它们。

快速冷静法

第一步：保持呼吸顺畅。

第二步：眼神保持冷静和警觉。

第三步：放松紧张的情绪。

第四步：注意情况的独特性。

第五步：召唤内心的智者。

第一步：保持呼吸顺畅

当你感到有压力时，屏住呼吸。你如果不打断这个过程，并开始正常呼吸，就会被推向焦虑、愤怒和沮丧。呼吸会增加你大脑和肌肉的血流量和氧气，从而减少紧张感，增加你的幸福感。

第二步：眼神保持冷静和警觉

在家里的镜子前练习。改变表情，以一种放松、警觉和专注的目光微笑。试着去做出陶醉于音乐或看孩子玩耍时的表情。对自己说："我很警觉，身体很平静。"在你的引导下，神经化学反应会让你高兴起来。

第三步：放松紧张的情绪

在压力下，我们动不动就会崩溃或紧张。注意你的姿势，寻找你身体正处于紧张状态的部位。你的肩膀紧吗？你的肚子难受吗？你收紧下巴了吗？把身体的中心放在两只脚上，轻轻跳一下，一定要跳起来。现在，想象有人轻轻向上提着你的头部，提高一英寸。打开并挺起胸部，想象一种令人放松的翡翠色液体在静脉中缓缓流淌、融化，缓解了你的紧张。

第四步：注意情况的独特性

当我们清醒和警觉的时候，便会意识到每一种情况都是不同的。然而，大脑喜欢积累经验，然后做出快速判断，甩出预先准备好的解决方案，以便减少焦虑。所以，不要马上把一段经历归为熟悉的类别——比如"哎呀，我的妻子又在批评我了"——花点时间注意一下这种情况与以往有什么不同。"我妻子很关心我。她的声音听起来不是挑剔，也许她是想帮我发表意见。"现在，你可以对这种情况做出适当的反应了。

第五步：召唤内心的智者

寻求内心中智者的帮助，人人心中有一个智者。承认你正面临着一个问题，让智者提醒你之前成功处理过的类似情况。回想一下，你当时感受如何，如何进入那种状态。这就像试穿一套让你自信的衣服。你越是依赖内心的智者，就越能相信他或她会在你需要的时候出现（请记住，如果你忽略问题或否认问题的存在，问题不会消失，而且通常会变得更糟）。

策略三：不要揪住过去不放

外向者不会回顾他们说的每件事。事实上，他们通常不会回想自己说过的话。这也是很多外向者无忧无虑的原因之一。与此相反，内向者会不断审视说过的话。他们在大脑的布洛卡区有一个活跃的内部声音，该区负责说话和语言理解。它与大脑的其他区域共同评估反应，比较过去、现在和未来。有时，这种内在的声音会变得异常挑剔。

外向者也可能有挑剔的内心声音，但是，这个声音更关注的是他们做了什么，而不是他们说了什么。内向者的内在声音往往集中在他们说的话上，这就可能带来坏结果，让他们不能大声说话。你懂自己的内在声音吗？它是朋友还是敌人？它在鼓励你，还是总说丧气话？通常情况下，如果内向者在冒险进入外向者的世界后感觉不好，那就是头脑中的声音在作怪，而不是因为实际发生的事情，这就是问题的根源。

我的访客巴里就是一个极好的例子。他告诉我，做完展示后觉得特别尴尬和愚蠢。当我问他听众的反应如何时，他承认人们很喜欢，他也听到了很多赞美之词。但他还是觉得很糟糕，因为观众中一位女士询问他提到的一本书讲的是什么，他却一下子想不起来。当我们回顾这段经历时，他意识到，内心的声音让他很难忘记这件事。他需要告诉那个不断批评的声音：闭嘴！

想想你脑子里的责难声。在你走进外部世界之前和之后，它都说了些什么？听起来像什么人？如果它对你说："你应该改变自己，你应该外向。"你认为是谁在说话？母亲？父亲？姐姐？祖母？高中的男友？如果一个声音说："这对你应该不难。"说话的人又是谁？虽然你脑海中的那个声音似乎听起来像你，但更有可能是过去那些想让你以某种方式表现的人。你知道吗？他们的丧气话源于让**他们**不爽的事情，而不是**你**这个人。

不幸的是，头脑中的声音会影响我们在嘈杂、喧闹、语速很快的现实世界中处理事务的能力。因为我们已经不愿意冒险走出舒适区，不愿意每秒钟都在燃烧能量，责难的声音只会进一步耗费我们的能量，让我们更加灰心丧气。

为了从内心的声音中获得新的视角，我建议你找一张小时候可爱的照片。坐下来看着照片，至少看 5 分钟。孩子经常会感觉，这个世界是一个庞大而可怕的地方，性格内向的孩子尤甚。在外向者的世界里冒险时，写下小孩子需要的 5 件东西。例如，我在列表中写出以下内容：

- ★ 有一只手来牵着她。
- ★ 有一个和善的、鼓励的声音。
- ★ 有人提醒她，她有时会觉得难受。
- ★ 知道安慰自己的方法。
- ★ 知道那些情绪总会过去。

她不需要的是批评。下次感到尴尬或不适时，试着不要去评判自己说过的话。把批评的声音掩盖起来，明白地告诉自己：我不听。把自己想象成一个孩子，告诉自己，你说什么都没关系。

策略四：救生包

许多内向者对周围的环境，对任何令人不快或不舒服的事情都比外向者更敏感。户外环境尤其具有挑战性，因为他们会感觉自己暴露出来了，而且受到大量感官刺激的轰炸。感官冲击加上能量消耗，使内向者的能量就像浴缸里的水拔掉塞子一样大量流失。除此之外，他们比外向者的食物代谢速度更快，这意味着血糖会很容易下降。这些情况使得内向者应该在表现出外向时储备一些食物，这很重要。如果身体的需求得到了满足，他们就能更好地处理事情。下面的"内向者救生包"中的项目能让你更容易应对这个问题。

内向者救生包

有的时候，如果手里有减少外界冲击所需的事物，你就会从疲惫状态中走出来。不妨在手提袋、钱包、公文包和私家车里常备下列物件：

• 隔绝街上噪声的耳塞。

• 零食（坚果、蛋白棒和其他富含蛋白质的零食）。当你感觉血糖骤然下降时，这些零食可以让血糖回升。

• 瓶装水。记得要经常喝水。

• 带有舒缓音乐的随身听。

• 写着积极鼓励话语的卡片，比如"今天我要好好放松享受"。

• 含有舒缓气味的棉球。如果难闻的气味困扰着你，就闻闻棉球吧（在 8 月的纽约街头尤其有用）。

• 治疗眩晕症的药物。电影或意外的动作有时会引起该症状。

• 雨伞或遮阳伞。（儿童雨伞不像大伞那么碍眼，也能遮住多数人的眼光。当我在大太阳下拿着伞四处走动时，许多人都说这是个好主意）

• 防晒霜、护手霜和唇膏。（许多内向者都是敏感肤质）

• 小风扇或者喷雾瓶，最好两个都带。（它们是很好的话题引子。大热天里排着长长的队，或者坐着观看棒球比赛时，我会给别人也喷一喷，并因此结交了不少朋友）

• 宽檐帽和太阳镜。

- 毛衣或毯子。

- 暖宝宝。

- 耳套或彩色滑雪头巾。

要表现出外向时，尽可能让自己愉快舒适——穿着柔软布料的衣服和舒适的鞋子；多穿几层衣服，以便根据温度变化增减。多一点自然的、漂亮的东西，让户外运动成为美好的体验。在公园或者美术馆里漫步（去所里上班的时候，我会把车停在一个街区外，这样走路时就可以欣赏风景如画的房子了）。

关掉手机，除非必须要用。包里放一本振奋人心的短小诗集或名言录，排队或工作休息的时候读一读。只要有可能，就把灯光调整成最适合自己的亮度。在人群中，想象四周有一个透明罩子或盾牌保护你。你如果能很好地照顾自己，就可以在更长的时间里表现得外向。

策略五：加满油箱

外向者是油老虎。他们的油箱里装满了葡萄糖和肾上腺素，难怪他们不想在家里待太久。另外，内向者的能量容易降到最优水平以下。你一旦意识到精力在下降，就试试下面的加油技巧吧！

你要想象出一个世外桃源。你可以通过一个关键词来进入。想一个你认为与放松休息相关的词，比如夏威夷、花园、沙滩、池塘、树林。在脑袋里想象一下它的位置。然后动用五种感观：它看起来会是什么样子？闻起来、听起来、摸起来像什么样子？我的访客凯丽用了"幽谷"

这个词。她的小空地上长满了青苔、野草和野花，周围绿树成荫。鸟儿在呢喃，空气清新凉爽。她想象着自己进入溪边的草丛，把脚趾伸进冰冷的水里。太阳温暖着她的后背。凯丽能感觉到身体放松，能量恢复。

在一天中，闭上眼睛，反复几次思考你的放松关键词。想象你就在**那里**。把感官运用到这个词上。练习这个技巧，直到一想到这个词，就能瞬间把自己传送到世外桃源。这是一个快速而又毫不费力的加油器。

下面这些方法也能让你快速补充能量：

★　用冷水冲手腕，或者冷热交替，每次 10 秒。

★　在小喷雾瓶里装上水，挤入少许柠檬汁，不时用它来湿润你的脸。

★　站起来，弯下腰，手臂悬垂，手指尽量接触地面，同时双眼看向膝盖，放松，呼吸几秒钟，慢慢起身。

★　站起来，微微抬起下巴，抬起头，微微点头，稍作休息，白天重复多次。

★　关掉灯，在黑暗中坐几分钟。

★　凝视窗外，观察窗外的人，让你的思绪随意游荡。

★　坐下来，闭上眼睛，头向后仰，想一件过去的有趣经历。

★　买一个热（或冷）颈套，在你感到紧张的身体部位放 5 分钟。

策略六：保持风趣

自嘲不花一分钱。

——玛丽·沃尔德里普

当你进入外向者的世界，记得要永远保有幽默感。幽默是坚持自己看法的最快速的方法，它能够减少压力，强健体魄，增加日常生活中的情趣，是与他人建立联系的一条捷径。因为内向的人会把注意力集中在自己的经验上，有时会只见树木，不见森林。有时，他们会认为恼人的事情只发生在自己身上。他们会想象，如果自己**恰好**是外向的性格，一切都会好的。幽默帮助我们走出自我，从更广阔的视角来看待生活。这就好比登高远眺，发现要地就容易多了。幽默可以减少焦虑，它提醒我们，焦虑将会过去。它帮助我们应对小的困扰，专注生死这样的大事。记住，你的能量是有限的，所以不要在闷闷不乐上浪费能量。阿诺德·格拉索说："笑是一种没有副作用的镇静剂。"

严格定义

字典里给"大笑"的定义是，有节奏的痉挛性反射，由声门呼气和声带振动产生，通常会露出牙齿，做出夸张的表情。这听起来是不是很有趣？

我的访客爱丽丝跟我讲了幽默感对她的帮助。"每当有真正令人沮丧的事情发生时——比如当我到达下着大雪的芝加哥，但行李却没来——我就会想：'天哪，这件事可得告诉朋友们，深夜两点，冰冷刺骨的奥黑尔国际机场，身上只穿着适合加州天气的单层中裤，行李还没来。行李啊，等我说完再来吧！'"具有讽刺意味的是，许多美妙的经历都是由于恼怒而产生的。爱丽丝接着说："在这个时候，有个家伙走了过来，说他在芝加哥参加一个冰激凌大会，公司在展位上赠送夹克，他正好多了一件。于是，他就问我要不要。我说当然要了。他拿出一件大号夹克衫，上面黑白相间的牛头瞪着忧郁的眼睛。你几乎都能听见哞哞声。在去旅馆的摆渡车上，我穿的奶牛外套让许多陌生人开怀大笑。大笑会把恐惧驱散。结果，我整个周末都穿着这件奶牛外套，因为它招来了很多跟我讲话的人。"

婴儿大约在 10 周大的时候就开始大笑。再过 6 周，他们每个小时就会咯咯笑上一会儿。到 4 岁的时候，他们每 4 分钟就会咯咯笑一次。但是，成年之后，令人难过的事情发生了。平均来说，我们一天只笑 15 次（许多人还要更少）。我们失去了一个重要的自然减压的工具。

还记得开怀大笑后那种浓郁的欢快感吗？酣畅淋漓的大笑可以使脸部、肩膀、膈膜和腹部肌肉得到良好的锻炼。氧气快速穿过血液，呼吸加速，血压和心率也会暂时上升。研究人员推测，大笑就像慢跑一样会释放内啡肽。内啡肽能提高人的灵敏度，减轻痛感。研究表明，大笑可以减轻压力，增强免疫力。在一项研究中，受试者先观看搞笑视频，然后做数学题，难度逐渐提高（做题肯定会让我压力很大）。观看搞笑视频可以减少压力，不过，有趣的是，这只对**那些经常笑的人起作用**。看起来，为了得到笑声的生理性好处，你需要笑口常开。

笑的好处

两人之间，笑声最短。

——维克多·博奇

除了本身的乐趣外，大笑还能发挥以下作用：

- 增加幸福感。

- 增加社会交往的乐趣。

- 增加血氧、内啡肽、免疫抗体，提高疼痛阈值。

- 降低压力。

- 降低焦虑、不知所措感、抑郁、沮丧和愤怒。

另一项研究发现，经常使用幽默来应对压力的人，他们的免疫抗体有着较高的基线水平。还有一项研究表明，有良好幽默感的人的免疫反应在承受压力时不会下降。甚至是那些很少使用幽默的人，在观看了一段幽默视频后，他们唾液中的抗体水平也提高了。

我的丈夫迈克尔做过好几份工作，这给我们提供了旅行的机会。遗憾的是，我们似乎自带旅途不顺的光环。我们称之为"黑云诅咒"。有一次，我们刚刚坐上美联航的飞机，系好安全带，为没出什么差错而谢天谢地，就在这时，飞行员走到话筒前，面无表情地说："由于后轮出现一大群蜜蜂，本次航班将延迟起飞。我们已经联系蜂农，抓捕蜂后。蜂后移走后，蜂巢其余的蜜蜂可能就会离开。我们会通知大家进展的。"

我一脸呆滞地看着迈克尔："你觉得他在开玩笑吗？"迈克尔茫然地看着我。机长不是开玩笑，现在到了切换至幽默模式的时候了。我们笑着说："谁都不会相信的，哪怕是从我们嘴里说出来。"

以下是一些能给生活带来更多欢笑的点子：

★　下一次和家人乘车出行时，听一听笑话有声书，比如比尔·考斯比、保罗·赖泽、阿尔特·布赫瓦尔德、戴夫·巴里等人的。

★　剪下一些卡通漫画、笑话、有趣的语录，贴在家里和办公室。

★　听到别人的笑话和趣事后要记得大笑。

★　努力发现自己的弱点。

★　夸大发生了的事情。访客抱怨和无助的时候，我会夸大他们说的话。"天哪，听起来太可怕了！你到底该怎么办？"我不是要取笑他们，但有时对访客看待问题有帮助，我们都笑了。在发自内心地大笑之后，找到解决的方法就容易多了。

★　紧张时恰当地运用幽默。有一个著名的故事说，里根总统被暗杀者击中送往医院时，他对妻子南希说："亲爱的，我本该低下头的。"

笑到最后

　　鸟落在龟壳上。乌龟在哭。小鸟说："喂，你怎么了？""我是个失败者。"乌龟说。"为什么？"乌龟说："我太慢了。""你本来就该这么慢，你是乌龟啊，乌龟都慢。"乌龟说："我希望我跑得快。""为什么？""兔子总是嘲笑我。""你的预期寿命是多少？""150

年。"乌龟说。"那兔子呢？"乌龟说："5 年。"鸟从乌龟背上走了下来。"好吧，想想看，你能比兔子多笑 145 年。"

我要警告一句：并非所有的幽默都有益健康。轻蔑、讽刺、嘲笑和蔑视源于恐惧、愤怒、嫉妒，它们是有害的。如果有人向你发出敌意的言辞，不要笑——这只会怂恿他们。最好是这样说："哎呀，你说得真好。等一下，让我把箭从胸膛里拔出来。"然后改变话题，或者问其他人一个问题，继续对话。你如果发现自己在挖苦别人，想想为什么对你讽刺的那个人发火。在某人严重抑郁或失去至爱的情况下，不要使用幽默。虽然在这种情况下，有时也会有人打趣，但冒犯和善意的边界并不容易分辨，甚至是好朋友或亲人。

然而，幽默可以帮助我们应付逆境。获奖节目《玛丽·泰勒·摩尔秀》（*The Mary Tyler Moore Show*），有一期讲的是玛丽参加了小丑笑哈哈的葬礼。笑哈哈是在穿着花生戏服的时候被一头大象踩死的。这是荧幕上出现过的优秀的黑色幽默桥段之一。

策略七：把光芒照进世界

尽管内向者在人群中可能会感到不自在，但具有讽刺意味的是，他们通常也渴望获得社群感。非黑即白地看待所有人际关系，这或许会对建立关系不利。他们也许会认为，人们要么成天忙于社交应酬，要么与世隔绝。但是，为了获得更多人的陪伴，他们未必要当交际花。无论他们是已婚、单身、拖家带口，还是即将退休，他们都可能希望拥有更多的私密关系。我有许多性格内向的访客，他们想要认识更多的人，却通常会说出同样的话："我不知道如何开始。"

这里有一个方法：在一张白纸上，用彩笔把名字写在中间，然后画一个圆圈。写下目前的社交网络，用彩笔颜色来区分。比方说，蓝色是最好的朋友，红色是家人，橙色是工作关系，紫色是你属于的任何其他群体。想一想一生中交往过的个人和团体。注意那些你曾经喜欢，但已经不在你生活中的人。回想一下，如果有曾经喜欢的活动，比如拍照，现在想重新开始，那就添加进去。绿色是表示新关系的一个好选择，因为这种颜色象征着成长。

考虑下面这几句话，看看是否有适合你的。如果适合，那就开始考虑如何将它们所代表的想法融入自己的人际网络。也许你的网络中本来就有人可以帮助你：

★ 我想有更多相处起来很舒服的好朋友。

★ 我想加入或建立一个团体，成员与我有相似的兴趣、价值观、背景、职业、爱好、信仰或政治观点。

★ 我想通过加入一个这样的团体，它成员的背景、兴趣、想法与我不同，以此拓宽生活阅历。

★ 我想加入一个让世界变得更好的群体。

★ 我想加入一个这样的组织，它向其成员，比如刚退休的人提供支持和帮助。

★ 我想活跃在社区组织，如图书馆之友、学校的家长协会、辅导机构、青少年关爱组织，或者在当地博物馆做讲解员。

★　我宁愿加入有历史的组织。

★　我不想加入组织，而是想扩大朋友圈。

现在，是时候谈谈内向者感到棘手的问题了，即克服恐惧、焦虑和抵抗。"我会感到不安和焦虑""我没有能量""我可能会受伤或被拒绝""我讨厌那让人了解你的阶段""我最终得承担所有的责任"这是一些内向者常见的恐惧。为了减轻痛苦，试着去思考背后隐藏的恐惧。例如，想一想，你害怕被拒绝、遭遇尴尬、受到伤害还是只是像以前一样害怕新的未知？然后，提醒自己恐惧不是现实，也不是什么前兆。它们只是被你赋予特定意义的脑电信号。我们担心的大多数事情都不会发生。最后，要下定决心，无论发生什么都要享受生活。

下面的方法可以帮助你展开冒险：

★　选择一个你为了增强归属感而想要建立的人际关系，或者希望加入的团体，然后迈出第一步。例如，参加一个教堂的单身聚会，参加萨尔萨舞培训班，参加当地护林会的会议，邀请朋友去读书会，或者为孩子的学校郊游做志愿者。从小事开始，并祝贺自己取得的任何进步。

★　与一个朋友每周定期见面或通电话。请对方承诺留出时间，建立正式的关系，这或许是个好主意。如果一个朋友不愿意，就问另一个。

★　邀请两位朋友来讨论共同感兴趣的话题。

★　记住，罗马不是一天建成的。因此，表现外向的前几次尝试都可能会失败。这是可以预料到的。如果你对一个新的小组或个人进行了几次尝试，都似乎没有任何反响，那么继续尝试其他的社交关系。没有人能融入所有的地方。最终，你会找到你喜欢的人和组织，并且感觉被接纳、被激励。

★ 你还要记住，网络社区可以成为内向者与朋友和家人联系的好地方，你也可以在那里结交新朋友。尽管有很多关于电脑如何导致人们彼此疏远、减少人际交往、削弱社区感的可怕预测，但对内向者来说，互联网似乎实际上增加了人际联系。它还让那些生病、孤僻、生活在世界两端的人，或者不能亲自见面的人得以保持长期联系。当你给某人发电子邮件的时候，你可以给自己足够的时间去思考想说的话，在你点击"发送"或"回复"按钮之前，什么都可以修改。

我时常惊讶于我的研究领域中的知名作家和学者会给我发电子邮件，向我提供信息，表达帮助我的意愿。这让我倍感亲切，而不是更疏远。陌生人比我想象中更关心他人，回复也远比我想象中迅速。通常，我认为通过邮件联系的他们可能比真人更友好，因为他们感觉安全，对自己更有控制感。

你可以利用互联网，将兴趣相投的人加到一个聊天室里，阅读公告栏，发掘各种组织的信息等。信不信由你，我所在的研究所里有几位心理分析师和我的一些来访者在（付费）交友网站上找到了伴侣。

这里要提醒一句：1998 年，英国心理学会的一份网瘾研究发现，上网最频繁的人是 30 岁上下的内向者（男女皆有），他们很可能患有抑郁症。所以，如果你在互联网上花的时间比生活的其他部分要多，如果你的朋友或亲戚抱怨你上网时间太长，如果你感到沮丧抑郁，那么考虑一下去看医生，做做心理评估。结合心理治疗和药物治疗，抑郁症很大程度上是一种可以治愈的疾病。

思考要点

- 有时，你需要收缩外向一面的肌肉，好好运用它。

- 在表现出外向的过程中，你可能觉得不那么舒服。

- 在表现出外向时，要认清哪些事情对自己有益，要重视起来！

- 做一个自信的内向者。

- 相信外向者的世界将受益于你的贡献。

最后的告别

自然万物，皆有奇迹。

——亚里士多德

　　我希望这本书能帮助你理解在外向者的世界里如何做一个内向的人。我相信，通过接受内向的性格，你将能够更好地照顾自己，减轻内向者身份可能会产生的罪恶感或羞愧感。当内向者觉得能够按照本性舒适地生活，走自己的路时，世界将会变得更好。分享你的优点，能让你遇到的每一个人的生活更加闪亮。向朋友、家人和同事传达这样的信息：内向的人很好，而且不是一般的好！

给内向者的生活寄语

多玩耍。

好好休息。

欣赏自己的内心世界。

诚恳地生活。

享受好奇心。

保持和谐。

品味孤独。

心存感激。

做好你自己。

记住，让你自己的光芒闪亮。

主要参考文献和推荐读物

Prelude and Overture

Aron, Elaine N. *The Highly Sensitive Person: How to Thrive When the World Overwhelms You*. New York: Broadway Books, 1996.

Jung, Carl G. *Psychological Types*. New York: Harcourt Brace & Company, 1923.

Kroeger, Otto, and Janet M. Thuesen. *Type Talk: The 16 Personality Types That Determine How We Live, Love, and Work*. New York: Delta, A Tilden Press Book, 1988.

————. *Type Talk at Work: How the 16 Personality Types Determine Your Success on the Job*. New York: Delta, A Tilden Press Book, 1992.

Myers, David G. *The Pursuit of Happiness: Who Is Happy—and Why*. New York: William Morrow and Company, 1992.

Myers, Isabel Briggs, with Peter B. Myers. *Gifts Differing*. Palo Alto, Calif.: Consulting Psychologists Press, 1980.

Chapter 1
What's an Innie? Are You One?

Goleman, Daniel. *Emotional Intelligence: Why It Can Matter More Than IQ*. New York: Bantam Books, 1997.

Hirsh, Sandra, and Jean Kummerow. *Life Types: Understand Yourself and Make the Most of Who You Are*. New York: Warner Books, 1989.

Segal, Nancy L. *Entwined Lives: Twins and What They Tell Us About Human Behavior*. New York: Plume Books, 1999.

Chapter 2
Why Are Introverts an Optical Illusion?

Brian, Denis. *Einstein: A Life.* New York: John Wiley & Sons, 1996.

Bruno, Frank J. *Conquer Shyness.* New York: Macmillan Books, 1997.

Carducci, Bernardo J. *Shyness, a Bold New Approach.* New York: HarperCollins Publishers, 2000.

_____. *Psychology of Personality: Viewpoints, Research, and Applications.* Pacific Grove: Brookes/Cole, 1998.

Zimbardo, Philip G. *Shyness, What It Is, What to Do About It.* Reading, Mass.: Perseus Publishing, 1989.

Chapter 3
The Emerging Brainscape: Born to Be Introverted

Acredolo, Linda, and Susan Goodwyn. *Baby Signs: How to Talk with Your Baby Before Your Baby Can Talk. Lincolnwood,* Ill.: NTC/Contemporary Publishing Group, 1996.

Carter, Rita. *Mapping the Mind.* Berkeley: University of California Press, 1998.

Conlan, Roberta, ed. *States of Mind: New Discoveries About How Our Brains Make Us Who We Are.* New York: Dana Press, 1999.

Hammer, Dean, and Peter Copland. *Living with Our Genes: The Groundbreaking Book About the Science of Personality, Behavior, and Genetic Destiny.* New York: Anchor Books, 1999.

Hobson, J. Allan. *The Chemistry of Conscious States: How the Brain Changes Its Mind.* New York: Little, Brown & Co., 1994.

Kosslyn, Stephen M., and Olivier Koenig. *Wet Mind: The New Cognitive Neuroscience.* New York: Free Press, 1995.

Kotulak, Ronald. *Inside the Brain: Revolutionary Discoveries of How the Mind Works.* Kansas City, Mo.: Andrews and McMeel, 1996.

Pert, Candace B. *Molecules of Emotion: The Science Behind Mind-Body Medicine.* New York: Touchstone, 1997.

Ridley, Matt. *Genome: The Autobiography of a Species in 23 Chapters.* New York: HarperCollins Publishers, 1999.

Schore, Allan N. *Affect Regulation and the Origin of the Self: The Neurobiology of Emotional Development.* Hillsdale, N.J.: Lawrence Erlbaum Associates, 1994.

Springer, Sally, and Georg Deutsh. *Left Brain, Right Brain: Perspective from Cognitive Neuroscience.* New York: W. H. Freeman & Company, 1997.

Chapter 4
Relationships: Face the Music and Dance

Avila, Alexander. *Love Types: Discover Your Romantic Style and Find Your Soul Mate.* New York: Avon Books, 1999.

Emberley, Barbara. *Drummer Hoff.* New York: Simon & Schuster, 1967.

Gottman, John M., and Nan Silver. *The Seven Principles of Making Marriage Work.* New York: Three Rivers Press, 1999.

Hendricks, Harville. *Keeping the Love You Find.* New York: Pocket Books, 1992.

Jones, Jane, and Ruth Sherman. *Intimacy and Type: A Practical Guide for Improving Relationships.* Gainesville, Fla.: Center for Applications of Psychological Type, 1997.

Tieger, Paul D., and Barbara Barron-Tieger. *Just Your Type: Create the Relationship You've Always Wanted Using the Secrets of Personality Type.* Boston: Little, Brown & Co., 2000.

Chapter 5
Parenting: Are They Up from Their Nap Already?

Bourgeois, Paulette. *Franklin the Turtle* series for children 4 to 8. *Franklin's New*

Friend; Franklin's School Play; Hurry Up, Franklin; Franklin Forgets; and *Franklin in the Dark* are just a few of the books in this charming series that would be helpful for introverted children. They are also available in Spanish. New York: Scholastic Books.

Brazelton, T. Berry, and Stanley I. Greenspan. *The Irreducible Needs of Children: What Every Child Must Have to Grow, Learn, and Flourish.* Reading, Mass.: Perseus Publishing, 2000.

Galbraith, Judy, and Pamala Espeland. *You Know When Your Child Is Gifted When . . . A Beginner's Guide to Life on the Bright Side.* Minneapolis: Free Spirit Publishing, 2000.

Greenspan, Stanley I., with Jacqueline Salmon. *The Challenging Child: Understanding, Raising, and Enjoying the Five "Difficult" Types of Children.* Reading, Mass.: Perseus Publishing, 1995.

Nolte, Dorothy Law, and Rachel Harris. *Children Learn What They Live: Parenting to Inspire Values.* New York: Workman Publishing, 1998.

Swallow, Ward. *The Shy Child: Helping Children Triumph Over Shyness.* New York: Warner Books, 2000.

Tieger, Paul D., and Barbara Barron-Tieger. *Nurture by Nature: Understand Your Child's Personality Type—and Become a Better Parent.* New York: Little, Brown & Co., 1997.

Chapter 6
Socializing: Party Pooper or Pooped from the Party?

Branch, Susan. *Girlfriends Forever: From the Heart of the Home.* New York: Little, Brown & Co., 2000.

Dimitrias, Jo-Ellen, and Mark Mazzarella. *Put Your Best Foot Forward: Making a Great Impression by Taking Control of How Others See You.* New York: Simon & Schuster, 2001.

Gabor, Don. *How to Start a Conversation and Make Friends.* New York: Simon &

Schuster, 2000.

Garner, Alan. *Conversationally Speaking: Tested New Ways to Increase Your Personal and Social Effectiveness. Licolnwood,* Ill.: NTC/ Contemporary Publishing Group, 1997.

Horn, Sam. *Tongue Fu: Deflect, Disarm, and Diffuse Any Verbal Conflict.* New York: St. Martin's Press, 1997.

Stoddard, Alexandra. *Daring to Be Yourself.* New York: Avon Books, 1990. Stoddard has written many wonderful books with introverted hearts.

Chapter 7
Working: Hazards from 9 to 5

Balzamo, Frederica J. *Why Should Extroverts Make All the Money: Networking Made Easy for the Introvert.* Chicago: Contemporary Books, 1999.

Cooper, Robert K. *High Energy Living: Switch on the Sources to Increase Your Fat-Burning Power, Boost Your Immunity and Live Longer, Stimulate Your Memory and Creativity, Unleash Hidden Passions and Courage.* Emmaus, Pa.: Rodale Books, 2000.

Deep, Sam, and Lyle Sussman. *Smart Moves for People in Charge: 130 Checklists to Help You Be a Better Leader.* Reading, Ill.: Addison-Wesley Publishing, 1995.

———. *Smart Moves: 14 Steps to Keep Any Boss Happy, 8 Ways to Start Meetings on Time, and 1600 More Tips to Get the Best from Yourself and the People Around You.* Reading, Ill.: Addison-Wesley Publishing, 1990.

Gelb, Michael J. *Present Yourself! Transforming Fear, Knowing Your Audience, Setting the Stage, Making Them Remember.* Torrance, Calif.: Jalmer Press, 1988.

Kroeger, Otto, and Janet M. Thuesen. *Type Talk at Work: How the 16 Personality Types Determine Your Success on the Job.* New York: Delta, A Tilden Press Book, 1992.

Morley, Carol, and Liz Wilde. *Destress: 100 Natural Mood Improvers.* London:

MQ Publications, 2001.

Murphy, Thomas M. *Successful Selling for Introverts: Achieving Sales Success Without a Traditional Sales Personality.* Portland, Oreg.: Sheba Press, 1999.

Nelson, Bob. *1001 Ways to Reward Employees.* New York: Workman Publishing, 1994.

Tieger, Paul D., and Barbara Barron-Tieger. *Do What You Are: Discover the Perfect Career for You Through the Secrets of Personality Type.* New York: Little, Brown & Co., 2001.

Chapter 8
Three P's: Personal Pacing, Priorities, and Parameters

Black, Jan and Greg Enns. *Better Boundaries: Owning and Treasuring Your Life.* Oakland: New Harbinger Publications, 1997.

Fadiman, James. *Unlimit Your Life: Setting and Getting Goals.* Berkeley: Celestial Arts, 1989.

Lamott, Anne. *Bird by Bird: Some Instructions on Writing and Life.* New York: Pantheon Books, 1994.

Levine, Stephen. *A Year to Live: How to Live This Year As If It Were Your Last.* New York: Random House, 1998.

Patrone, Susan. *Maybe Yes, Maybe No, Maybe Maybe.* New York: Orchard Books, 1993.

Sark. *A Creative Companion: How to Free Your Creative Spirit.* Berkeley: Celestial Arts, 1991. Her other titles are great, too!

Wildsmith, Brian, and Jean De La Fontaine. *The Hare and the Tortoise.* London: Oxford University Press, 2000.

Chapter 9
Nurture Your Nature

Arnot, Robert. *The Biology of Success: Set Your Mental Thermostat to High with Dr. Bob*

Arnot's Prescription for Achieving Your Goals! Boston: Little, Brown & Co., 2000.

Carper, Jean. *Your Miracle Brain: Maximize Brain Power, Boost Your Memory, Lift Your Mood, Improve IQ and Creativity, Prevent and Reverse Mental Aging.* New York: HarperCollins Publishers, 2000.

Carson, Richard. *Taming Your Gremlin: A Guide to Enjoying Yourself.* New York: HarperPerennial, 1983.

Gardner, Kay. *Sounding the Inner Landscape: Music as Medicine.* Rockport, Mass.: Element Books, 1990.

Lee, Vinny. *Quiet Places: How to Create Peaceful Havens in Your Home, Garden, and Workplace.* Pleasantville, N.Y.: Reader's Digest Association, 1998.

Moore, Thomas. *Care of the Soul: How to Add Depth and Meaning to Your Everyday Life.* New York: HarperCollins Publishers, 1998.

Pollan, Michael. *The Botany of Desire: A Plant's-Eye View of the World.* New York: Random House, 2001.

Seton, Susannah. *Simple Pleasures of the Home: Cozy Comforts and Old-Fashioned Crafts for Every Room in the House.* Berkeley: Conari Press, 1999.

Sobel, David S., and Robert Ornstein. *The Healthy Mind Healthy Body Handbook.* New York: Patient Education Media, Inc., 1996.

Storr, Anthony. Solitude: *A Return to the Self.* New York: Ballantine Books, 1988.

Chapter 10
Extroverting: Shine Your Light into the World

Axelrod, Alan, and Jim Holtje. *201 Ways to Deal with Difficult People: A Quick Tip Survival Guide.* New York:McGraw Hill, 1997.

Cooper, Robert K. *High Energy Living: Switch on the Sources to Increase Your Fat-Burning Power, Boost Your Immunity and Live Longer, Stimulate Your Memory and Creativity, Unleash Hidden Passions and Courage.* Emmaus, Pa.: Rodale Books,

2000.

DeAngelis, Barbara. *Confidence: Finding It and Living It.* Carlsbad, Calif.: Hay House, 1995.

Freeman, Criswell. *When Life Throws You a Curveball . . .Hit It! Simple Wisdom for Life's Ups and Downs.* Nashville:Walnut Grove Press, 1999.

Shaffer, Carolyn R., and Kristin Anundsen. *Creating Community Anywhere: Finding Support and Connection in a Fragmented World.* New York: Tarcher/ Putnam, 1993.

Tieger, Paul, and Barbara Barron-Tieger. *The Art of SpeedReading People.* New York: Little, Brown & Co., 1998.

Tourels, Stephanie. *365 Ways to Energize Body, Mind and Soul.* Pownal, Vt.: Storey Publishing, 2000.

Warner, Mark. *The Complete Idiot's Guide to Enhancing Self-Esteem.* New York: Alpha Books, 1999.